INVENTAIRE
S 34962

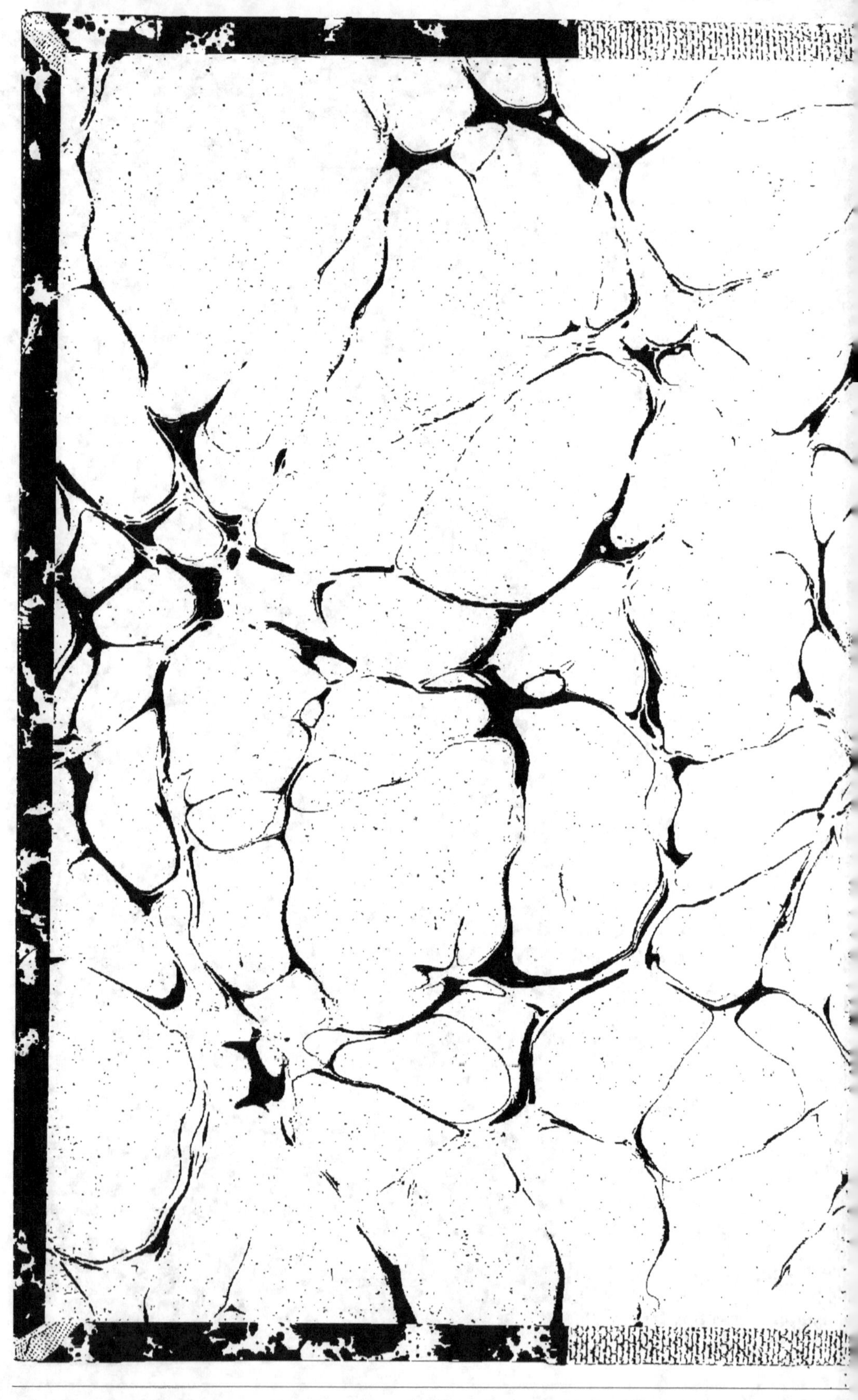

GUIDE

SUR

L'ÉCONOMIE RURALE

DE L'ALSACE

PAR MM.

...RAND
...MENTS AGRICOLES
...

LÉON ...
MEMBRE DU CO...

PARIS

...VRAULT ET FILS, LIBRAIRES

...

ÉTUDE

SUR

L'ÉCONOMIE RURALE

DE L'ALSACE

STRASBOURG, IMPRIMERIE DE VEUVE BERGER-LEVRAULT.

ÉTUDE

SUR

L'ÉCONOMIE RURALE

DE L'ALSACE

PAR MM.

E. TISSERAND	**LÉON LEFÉBURE**
DIRECTEUR DES ÉTABLISSEMENTS AGRICOLES DE LA COURONNE	MEMBRE DU CONSEIL GÉNÉRAL DU HAUT-RHIN

PARIS

Ve BERGER-LEVRAULT ET FILS, LIBRAIRES-ÉDITEURS

5, RUE DES BEAUX-ARTS

MÊME MAISON A STRASBOURG

1869

ÉTUDE

SUR

L'ÉCONOMIE RURALE

DE L'ALSACE

INTRODUCTION.

Les départements du Haut-Rhin et du Bas-Rhin, qui constituaient autrefois la province d'Alsace, peuvent être classés parmi les plus importants, les plus riches et les plus populeux.

Située sur le bord de l'un des grands fleuves de l'Europe, rattachée par lui à la Suisse, à la Prusse, à la Hollande, traversée par des routes nombreuses, la fertile plaine d'Alsace devait, par sa position exceptionnelle, jouer de bonne heure un certain rôle historique, commercial et agricole assez notable. Elle devait voir se succéder, à travers ses vertes campagnes, les flots de ces migrations qui, pendant vingt siècles, ont couvert la vieille Europe, et si, lors de ces grandes tourmentes, elle était ravagée jusque dans ses fondements,

1

dans les longs intervalles, lorsqu'un courant régulier avait remplacé la trombe dévastatrice, elle reprenait aussitôt son aspect souriant.

La tradition la plus reculée nous la montre couverte d'un sombre manteau de forêts, abritant, sous son épais feuillage, des tribus de chasseurs adonnés à un culte barbare: le chant fatidique des druides annonce les ordres de sauvages divinités. Aussitôt que l'histoire nous éclaire, c'est-à-dire dès le premier siècle de l'ère chrétienne, le tableau est déjà tout autre.

En effet le peuple-roi ne devait pas laisser hors de sa domination un pays aussi admirablement placé que le territoire des Triboques, et quarante-trois ans après Jésus-Christ, l'influence de la civilisation romaine se faisait sentir dans cette contrée. Les gracieuses divinités de l'Olympe chassaient les dieux informes que révéraient les peuplades de la vallée rhénane: Teutatès cédait la place à Mercure; un temple consacré à Mars s'élevait à l'endroit même où, douze siècles plus tard, devait s'élancer vers les cieux l'un des plus merveilleux monuments que les hommes aient dédiés à la gloire du Christianisme. De larges voies de communication, qui, par leurs assises polygonales et leurs revêtements, semblaient établies pour l'éternité, conviaient les peuples à l'échange des produits d'une industrie naissante, car les forêts disparaissent de la plaine, et la culture, d'abord capricieuse et nomade, devenait plus régulière en se fixant; le soleil libre enfin de réchauffer la terre la revivifiait et adoucissait le climat; les fruits que Lucullus avait apportés de l'Asie Mineure purent atteindre toute leur délicatesse sur les derniers contre-forts des Vosges. Dès le règne de l'empereur Probus, la vigne vint y étaler ses grappes d'or, et la statue de Bacchus fut promenée au son des chants joyeux des vendangeurs, dans les mêmes lieux où, trois siècles auparavant, le druide avait, en murmurant des paroles magiques, détaché le gui sacré du tronc d'un de ces chênes aussi vieux que le monde.

Grâce à la merveilleuse fertilité de son sol et à une population vigoureuse et persévérante, comme le Titan de la Fable qui semblait puiser de nouvelles forces chaque fois qu'il touchait la terre, cette heureuse contrée a vu, chez elle, grandir le progrès malgré les fréquentes et désastreuses invasions dont elle a eu à souffrir. A chaque pas fait en avant par les Pays-Bas, à chaque demande nouvelle provoquée par l'accroissement de leur richesse et de leur bien-être, la culture alsacienne redoublait d'efforts. Ce n'était plus seulement du bois et des grains qu'elle avait à offrir: elle y joignait tour à tour le lin, le chanvre, le colza, le tabac, le pavot, la garance, le houblon; aussi avait-elle, depuis deux cents ans, acquis une grande renommée. Au commencement de ce siècle, un illustre agronome la citait comme un modèle dans un ouvrage demeuré célèbre[1]. C'est près

---

1. *De l'Agriculture alsacienne*, par Schwertz.

d'elle, et peut-être inspiré par elle, que Dombasle fonda Roville; c'est elle qui a produit cette pléiade d'industriels agronomes, dont les Schattenmann, les Lebel et les Rissler sont les dignes représentants; c'est de l'une de ses fermes que sont sortis ces travaux considérables qui sont venus ouvrir un nouvel horizon à l'économie rurale, et donner à l'agriculture un monument dont la France a droit d'être fière[1].

L'Alsace a-t-elle, dans les dix-huit ou vingt dernières années, poursuivi sa marche ascendante, ou son agriculture, sans cesser d'être prospère, est-elle menacée? Son essor s'est-il arrêté ou seulement ralenti au milieu de la période de paix et d'abondance que nous venons de traverser? Son avenir est-il compromis par les grandes réformes douanières accomplies récemment? C'est ce que l'Enquête agricole doit révéler. La tâche à remplir est multiple: il faut montrer la situation exacte de l'agriculture alsacienne, ce qu'elle a été, ce qu'elle est; il faut indiquer si elle marche dans une voie qui l'amène à ce qu'elle doit être, eu égard aux conditions actuelles de la société; signaler quelles sont les améliorations à réaliser, quelle est la part qu'y doit prendre le Gouvernement; quels sont les obstacles à renverser pour atteindre le but: tel est l'objet des études qui vont suivre.

---

1. *Traité d'économie rurale*, par M. Boussingault, de l'Institut.

CHAPITRE PREMIER.

LE SOL.

L'agriculture s'appuie sur la connaissance intime du sol, de sa nature et de son relief, sur la connaissance du climat, et sur l'appréciation de la qualité et du volume des eaux courantes. Pour apprécier la situation agricole d'une contrée, pour juger ses méthodes culturales et les améliorations dont elles sont susceptibles, une étude préliminaire sur sa topographie, sa géologie, sa climatologie et son hydrographie est donc utile, sinon indispensable. Ces considérations justifient l'exposé que nous allons donner. L'analogie complète que présentent, à ces divers points de vue, d'une part, les deux départements alsaciens, et de l'autre la communauté d'origine, l'union qui presque toujours leur a donné la même existence, la même histoire, expliquent pourquoi les deux départements du Bas-Rhin et du Haut-Rhin n'ont pas été décrits séparément.

Situation géographique. — L'Alsace forme l'angle extrême de notre frontière du nord-est; sa limite septentrionale se trouve à peu près au même degré de latitude que Paris; au sud, l'extrémité méridionale du Haut-Rhin s'avance jusque vers le parallèle de Dijon, de Tours et d'Angers. Les deux départements rhénans occupent donc une position méridionale par rapport à Paris, dont ils sont distants de 500 kilomètres environ vers l'est. Ils font partie de la région du nord-est de la France : ce sont les départements les plus éloignés des mers qui baignent l'Empire, et les plus rapprochés de l'Allemagne, de la Bohême, de la Hongrie, de la Basse-Autriche et des provinces Danubiennes. Ils sont situés entre la crête des Vosges, à l'ouest, et le Rhin qui, à l'est, les sépare du grand duché de Bade; au midi, ils sont limités par les montagnes du Jura et par la Suisse; au nord, la Lauter forme leur frontière avec le Palatinat.

Superficie. — Leur superficie est de 8,648 kilomètres carrés, possédés à peu près moitié par chaque département[1]; ils font partie de cette belle et riche vallée comprise entre les montagnes de la Forêt-Noire et la chaîne des Vosges, et au centre de laquelle circule, en méandres multiples, le fleuve si souvent chanté par les minnesingers.

Orographie. — Vue à vol d'oiseau, l'Alsace présente trois régions naturelles parfaitement déterminées, qui toutes sont parallèles entre elles, et parallèles à la chaîne des Vosges et au cours du Rhin.

La première région est celle des montagnes;

---

1. Pour le Haut-Rhin. . . . . 409,812 hectares.
Pour le Bas-Rhin. . . . . 455,034 —

                  Total. . . . . 864,846 —

Les collines adossées aux flancs est des Vosges constituent la deuxième région;

La plaine, qui s'étend du pied de ces collines jusqu'au Rhin, en forme la troisième.

La région des montagnes comprend le versant oriental de la chaîne des Vosges; la ligne de faîte de ce massif, qui en est la limite à l'ouest, ne forme pas une ligne droite régulière; de la chaîne principale se détachent des rameaux courant dans la direction de l'est; l'extension inégale de ces rameaux donne à la figure de cette région une largeur irrégulière. Dans le Haut-Rhin, sa plus grande étendue, de l'est à l'ouest, est de 22 kilomètres; sa dimension minimum est de 13 kilomètres. Dans le Bas-Rhin, sous le parallèle de Saverne, en même temps qu'elle se déprime, la chaîne des Vosges offre un rétrécissement considérable, car la largeur de la zone montagneuse n'est plus que de 6 à 8 kilomètres. Vers le nord elle s'élargit de nouveau, et finit par atteindre jusqu'à 40 et 50 kilomètres; sa longueur est de 214 kilomètres, dont 120 dans le Bas-Rhin et 94 dans le Haut-Rhin. Cette région embrasse une surface de 2,166 kilomètres carrés[1].

L'altitude des Vosges, aussi bien pour la chaîne principale que pour les rameaux qui s'en détachent, diminue à mesure que l'on avance vers le nord; dans

---

1. Dans le Bas-Rhin : 950 kilomètres carrés.
   Dans le Haut-Rhin : 1,216 kilomètres carrés.

la partie méridionale du Haut-Rhin, on trouve les sommets les plus élevés: il en est qui atteignent 1,426 mètres. La ligne de faîte n'a plus que 887 mètres à la limite des deux départements; l'abaissement va en se continuant dans le Bas-Rhin. Dans le nord de ce département, aucun des sommets ne dépasse 580 mètres; l'altitude moyenne y varie entre 400 et 500 mètres.

Le versant alsacien des Vosges présente une pente beaucoup plus abrupte que le versant opposé; il offre des escarpements et parfois de véritables falaises; on y rencontre des parois rocheuses verticales ou des talus qui descendent des cimes ou des cols jusqu'au fond des vallées, sous une inclinaison qui ne dépasse pas 30 degrés[1].

Le fond des vallées du versant occidental est beaucoup plus élevé au-dessus du niveau de la mer que celui des vallées correspondantes du versant alsacien[2]; il en résulte que le côté lorrain des Vosges présente de très-grandes différences d'altitude, de relief, de végétation, avec celui qui appartient aux départements rhénans.

Les montagnes de la Forêt-Noire offrent, dans leur structure et leur constitution géologique, une analogie frappante avec la chaîne des Vosges. Ces deux

---

1. *Description du Haut-Rhin*, par MM. Joseph Delbos et J. Kœchlin-Schlumberger. — *Carte géologique de France*, par M. Élie de Beaumont.

2. *Orographie des Vosges*, par M. Charles Grad, 1866.

massifs montrent symétriquement les mêmes caractères : comme dans les Vosges, le versant rhénan de
la Forêt-Noire est beaucoup plus escarpé que le côté
opposé ; la ligne de faîte va en s'abaissant du sud au
nord, et les sommets principaux correspondent avec
ceux de la chaîne des Vosges. Comme dans cette dernière encore, les vallées du versant oriental de la
Forêt-Noire ont une altitude plus grande que celles
du versant rhénan ; enfin, les mêmes roches les constituent dans toutes les parties qui se font face : elles
sont granitiques et schisteuses dans la partie méridionale ; elles appartiennent, d'un côté comme de
l'autre, dans la partie septentrionale, au grès.

La disposition parfaitement symétrique des deux
chaînes de montagnes s'explique, comme M. Élie de
Beaumont l'a fait voir, par cette supposition que, lors
de leur soulèvement, la partie centrale du bombe-
ment s'est effondrée comme une immense clef de
voûte, en donnant naissance à la plaine du Rhin ; les
deux massifs des Vosges et de la Forêt-Noire ne sont,
en quelque sorte, que les deux culées de cette immense voûte, restées en place.

Beaucoup de montagnes, dans les Vosges, ont leur
sommet arrondi ; cette forme concorde avec le nom
de *ballon* que portent plusieurs d'entre elles. Ces
ballons, à une altitude de 1,000 à 1,400 mètres, forment de beaux plateaux engazonnés, sur lesquels on
peut circuler sans fatigue, en jouissant de l'immense
panorama qu'offre la spacieuse et populeuse vallée

du Rhin. Les Vosges présentent aussi des montagnes aux contours abrupts et aux sommets couronnés par d'énormes blocs de roches; c'est sur ces hauteurs, là où elles dominent la plaine, qu'ont été construits ces nombreux et redoutables castels féodaux, la terreur d'autrefois, et qui, aujourd'hui, ne sont plus que des ruines pittoresques, où l'oiseau de proie seul trouve un abri.

De belles et profondes vallées, où l'industrie s'est introduite et développée, pénètrent dans le massif montagneux en donnant naissance à une douzaine de grands cours d'eau qui divisent chaque zone ou région en autant de segments réguliers. Le sol y est généralement assez pauvre et sablonneux; il est formé de détritus granitiques ou d'éléments de roches de transition dans la totalité des montagnes des Vosges comprises dans le département du Haut-Rhin et dans la portion méridionale du Bas-Rhin; au nord, il est constitué par du sable ou du gravier rouge, généralement très-léger et mélangé d'une faible portion d'argile, qui provient de la désagrégation de couches puissantes de grès rouge sous-jacentes; aussi la culture y est-elle excessivement restreinte : c'est à peine si l'on rencontre, çà et là, quelques champs cultivés en pommes de terre, en seigle et en avoine.

La région des montagnes est le domaine presque exclusif des forêts; le hêtre y croît à l'altitude la plus grande, à 1,000 et à 1,100 mètres; plus bas, c'est le hêtre associé au sapin; puis les pins et diverses essences feuillues dont se composent ces magnifiques forêts, qui couvrent, presque sans interruption, les cimes et les flancs de la chaîne des Vosges.

C'est seulement dans les vallées que cette immense nappe de verdure, à laquelle le pin, le hêtre, le chêne et le sapin donnent des tons tantôt sombres, tantôt clairs et gais, est interrompue pour faire place à de luxuriantes prairies où serpentent, comme des filets d'argent, de nombreux et gracieux cours d'eau. La population, très-clairsemée, est composée de bûcherons, qui vivent péniblement, récoltent un peu de pommes de terre, de laitage, et distillent la cerise pour en faire un produit renommé, le kirschenwasser.

Dans les vallées plus étendues, plus privilégiées, où le sol est meilleur, l'industrie laitière est pratiquée avec succès et livre au commerce des fromages estimés. La vigne elle-même a pénétré dans les parties les plus larges, en refoulant les bois des coteaux les mieux exposés pour s'implanter jusqu'à la dernière limite où le raisin puisse mûrir. C'est dans ces belles et riantes vallées que s'est concentrée la population de cette région; ailleurs, les villages sont rares, composés de quelques maisons à peine; à partir de 700 mètres au-dessus du niveau de la mer, on trouve peu d'habitations permanentes.

C'est, de toutes les parties de l'Alsace, la région la moins peuplée, et il est à constater que la population spécifique de chacun de ses districts varie avec la nature géologique du terrain qui les constitue : ainsi les cantons granitiques de la région des montagnes possèdent, dans le Bas-Rhin, à peine 6 habitants pour 100 hectares, tandis que les cantons dont le sol est formé par le grès des Vosges en ont 17; les districts, dans les terrains de transition, comptent de 66 à 92 habitants pour la même surface. La moyenne pour toute la région, dans le Bas-Rhin, est de 27 habitants par 100 hectares.

La partie des montagnes du Jura, comprise dans le sud du département du Haut-Rhin, se rattache par son altitude à la région montagneuse qui vient d'être décrite; mais elle en diffère essentiellement par la nature du sol qui est constitué de roches calcaires profondément fissurées; elle est d'ailleurs peu étendue, et elle forme une bande étroite qui limite l'Alsace au sud : son altitude moyenne est de 600 mètres. Le pays est très-accidenté, très-pittoresque, très-sec; les sources y sont très-rares; on y trouve peu de culture; quelques bons pâturages existent dans le fond des vallées. Presque toute cette zone est, comme celle des Vosges, couverte de belles et grandes futaies.

La deuxième région, celle des collines, commence dans le Haut-Rhin, entre Belfort et Thann; à partir de ce point, elle s'étend du sud au nord dans toute la longueur des deux départements. Elle consiste en une rangée de collines adossées aux massifs de Vosges; elle est beaucoup moins étendue que la première région; sous le parallèle du Vieux-Thann, elle n'a que quelques centaines de mètres de large, tandis que plus au nord elle atteint 3 kilomètres; en général, dans le Haut-Rhin, sa largeur varie de 1 à 3 kilomètres.

Dans le Bas-Rhin, l'espace qu'elle occupe à sa limite sud s'élargit peu à peu jusque vers le milieu du département, puis il diminue sensiblement; un peu au-dessous de Saverne, cette région ne forme qu'une bande étroite; mais, dans l'arrondissement de Wissembourg, elle reprend une largeur imposante, et, franchissant la frontière, elle va former les riches coteaux du Palatinat.

La hauteur des collines de cette région varie de 450 à 230 mètres au-dessus du niveau de la mer.

Cette zone ne se distingue pas seulement de la précédente par son altitude et son relief; elle présente avec elle des différences tranchées, en ce qui concerne la nature du sol et l'aspect du pays. Les collines sous-vosgiennes appartiennent géologiquement à des terrains postérieurs à ceux qui constituent la région montagneuse; on y rencontre le grès bigarré, les marnes irisées et le calcaire conchylien de la formation du trias, ou le terrain jurassique, ou encore des couches de terrain tertiaire plus ou moins recouvertes par le diluvium. Le sol cultivé participe de la nature de ces divers gisements; il est de meilleure qualité que celui de la région des montagnes; les eaux qui y coulent sont aussi plus riches. Tantôt la terre est de nature sablonneuse, graveleuse, tantôt elle est argileuse ou bien calcaire. Quelquefois les pentes sont abruptes, mais le plus souvent les coteaux ont la forme arrondie.

On y trouve peu de culture arable; cette région est le domaine par excellence du vignoble. L'arbuste précieux occupe non-seulement les flancs des collines aux pentes douces qui s'étendent au pied des Vosges, mais il escalade encore, sur des gradins cyclopéens qu'il couvre de ses pampres, les escarpements les plus abrupts: il n'est pas de coin de terre, pas une anfractuosité de rocher inutilisée, pas d'exposition favorable qui ne soit conquise par lui, au prix souvent de travaux énormes; il refoule les bois jusqu'à la dernière limite et va dans la plaine disputer les sillons aux céréales. Des chemins étroits et admirablement tenus serpentent sur les flancs des collines pour desservir le vignoble; les villages sont nombreux et populeux, environnés de vergers; les cours de ferme sont petites et encombrées de fumier et d'échalas. Les maisons y sont de forme généralement irrégulière et de construction antique pour la plupart, mais bien tenues, bien peintes; toute cette région, avec ses coteaux couverts d'une forêt de grands échalas plantés sur des lignes serrées et d'une régularité parfaite, produit un aspect de richesse et de prospérité des plus grandes.

C'est aussi, sans contredit, le pays le plus riant et le plus peuplé de l'Alsace, puisque la population y atteint les chiffres de 200, 300 et jusqu'à 440 habitants par 100 hectares.

Le Sundgau. — C'est à la région des collines sub-vosgiennes qu'on peut rattacher le pays connu sous le nom de Sundgau et les cantons transvosgiens de Saar-Union et de Drulingen dans le Bas-Rhin.

Le Sundgau comprend toute la portion méridionale du département du Haut-Rhin qui s'étend entre les montagnes du Jura, et une ligne qui, passant par Mulhouse, suit la base des collines de ce nom jusqu'à Thann, d'un côté, et aboutit, de l'autre, à Neuwiller, près de Bâle, en longeant à peu près le tracé du chemin de fer de Mulhouse à cette dernière ville. Cette petite région, formée par les dernières ramifications des montagnes du Jura qui viennent expirer peu à peu au sud de l'Alsace, a, pour altitude moyenne, 355 mètres; elle appartient au terrain tertiaire; mais une couche plus ou moins épaisse de diluvium, composé, dans des proportions convenables, de sable, d'argile et de calcaire, et recouvrant presque partout le dépôt tertiaire, lui donne une fertilité très-grande. Les ondulations de la surface y ont créé des vallées et des collines; les premières sont consacrées aux pâturages, les secondes aux céréales; les sommets les plus élevés, où le sol est maigre, sont couverts de bois; les portions de collines les mieux exposées sont livrées à l'arboriculture et à la vigne. C'est une contrée riche où l'industrie a pris un certain développement, et où l'on trouve une culture soignée.

Quant à la portion transvosgienne du Bas-Rhin, elle fait partie de la formation du grès bigarré, du calcaire et des marnes irisées du trias. Le terrain y est d'assez bonne qualité, mais sa situation sur le versant occidental de la chaîne des Vosges, son altitude et son climat froid n'y permettent pas la culture de la vigne : l'orge, l'avoine, le seigle et les pommes de terre sont les principaux produits de ce district.

La troisième région ou la plaine est le pays de la culture arable par excellence; c'est de beaucoup la plus étendue[1], puisqu'elle occupe plus de la moitié de la superficie de l'Alsace; elle ne forme pas toutefois une zone bien homogène; des différences sensibles se remarquent dans l'altitude, le relief et la nature du sol. Quand on s'éloigne de la région du vignoble, on traverse d'abord un pays dont la surface est légèrement ondulée et présente des collines arrondies : on remarque que ces ondulations vont en diminuant de hauteur à mesure qu'on se rapproche du fleuve, et finissent par disparaître, tantôt insensiblement, tantôt brusquement; à quelque distance du Rhin, il n'existe plus qu'une surface horizontale sans le moindre accident de terrain; les rivières y coulent lentement à fleur de terre. Avant les beaux travaux d'endiguement exécutés sur le Rhin, les eaux du fleuve s'épanchaient à chaque crue sur cette portion de la plaine, car son

____

1. 62 p. 100 de la surface totale du département du Bas-Rhin; 64 p. 100 de celle du département du Haut-Rhin. — *Flore d'Alsace,* par M. Kirschleger.

point le plus élevé est à peine de 3 mètres au-dessus
du niveau moyen du fleuve, tandis que la partie ondulée a toujours été complétement insubmersible,
l'altitude de ses principales collines variant de 170 à
300 mètres, et sa limite extrême la plus rapprochée
du Rhin dominant le niveau des hautes eaux, de 8 à
10 mètres. Ces différences ont amené la division de
la plaine d'Alsace en deux grandes zones : la plaine
haute et la plaine basse.

La plaine haute appartient à la formation du diluvium ; d'après les géologues[1], l'immense gouffre, produit par l'effondrement de la partie centrale du soulèvement qui se terminait d'une part au massif de la
Forêt-Noire et de l'autre aux Vosges, aurait été com-
blé en grande partie, d'abord par les dépôts de la
mer tertiaire, puis par des bancs de cailloux, que les
torrents descendant des montagnes auraient accumulés après le retrait des eaux ; le diluvium aurait achevé
le comblement par un dépôt limoneux ; le Rhin et ses
affluents, rencontrant cette immense couche de terre,
se seraient ouvert un passage pour atteindre la mer
du Nord, et le diluvium rongé, délayé et emporté au
loin, aurait été former pour la race batave un pays
tout entier à conquérir et à peupler. La zone dans

---

1. Voir la *Description du Bas-Rhin*, publiée par le conseil général, sous les auspices de M. Migneret, ancien préfet de ce département. C'est un ouvrage des plus précieux et des plus remarquables
de ce genre, c'est un très-excellent modèle qu'il serait heureux que
tous les départements imitassent.

laquelle le diluvium a été enlevé jusqu'au banc de cailloux, forme la *plaine basse;* dans la *plaine haute*, le diluvium est resté en place en grande partie, il a seulement pris son modelé actuel; ses collines et ses mamelons ne semblent pas avoir d'autre origine que l'action érosive des eaux à une époque où leur volume et leur régime ne devaient déjà plus différer de beaucoup de ceux qu'ils ont aujourd'hui.

Dans le Haut-Rhin, le diluvium occupe presque toute la vallée : il s'étend sur la rive droite de l'Ill et s'avance jusqu'à 3 ou 4 kilomètres des rives du Rhin; il embrasse environ 215,000 hectares, ou 52 p. 100 de la superficie totale du département. Dans le Bas-Rhin, le dépôt a une étendue moindre, 150,000 hectares à peu près, la zone fluviale submersible étant plus large.

La plaine haute ne présente dans toute son étendue ni le même sol ni le même aspect; indépendamment des dépôts d'alluvions modernes, formés sur les deux rives des cours d'eau qui la traversent, on trouve à l'issue de toutes les vallées principales des Vosges des dépôts de cailloux ou des bancs de sable qui vont généralement s'élargissant en forme de delta à mesure qu'on approche du Rhin. Ces terrains coupent la plaine transversalement et la divisent en plusieurs parties; ils atteignent sur quelques points des dimensions considérables. Tel est le cas des collines de sable presque pur, privé de calcaire et fortement coloré en rouge par du fer, qui occupent toute la partie de la plaine haute comprise entre la Moder et la Sauer sur une largeur de 12 à 14 kilomètres. Ces dépôts, d'une épaisseur de 5 à 6 mètres, reposent sur le terrain tertiaire et proviennent évidemment des montagnes voisines de grès rouge que les eaux pluviales ont entamées, rongées et entraînées dans la plaine. Le sol en est de médiocre qualité et convient surtout à la culture forestière. La forêt de Haguenau est placée sur un terrain de cette nature.

Le Haut-Rhin présente aussi dans la haute plaine, entre Cernay et Lutterbach, près de Mulhouse, une bande de mauvais terrain, des graviers ingrats : l'Ochsenfeld, que de généreux et courageux citoyens essayent de vivifier en y fondant et soutenant une institution de bienfaisance (asile de Cernay). Dans le sud du Bas-Rhin, on rencontre encore dans la plaine haute de grandes pâtures tourbeuses communales mal aménagées, comme tout ce qui est communal.

A part ces quelques exceptions, le sol de cette zone est d'excellente qualité; les géologues le désignent sous le nom de *loess*, de *lehm* ou encore de *loam;* il renferme tous les éléments provenant de la désagrégation des roches qui constituent les Alpes, le Jura et les Vosges; il est de couleur gris-jaunâtre, et comprend, dans les proportions les plus convenables, tous les principes utiles à la végétation : du carbonate de chaux (15 à 30 p. 100), de la potasse (1 à 2 p. 100), de l'acide phosphorique; le sable et l'argile y sont associés au calcaire de manière à donner aux sols les propriétés physiques les plus avantageuses; la terre est assez perméable sans l'être trop. Elle est donc facile à travailler en toute saison; de plus, elle a de la profondeur : aussi les terrains que le loess constitue sont-ils d'une fertilité remarquable, et les districts assez heureux pour les posséder ont toujours joui d'une grande prospérité; l'éden de l'Alsace, le Kochersberg, est le plus renommé; depuis longtemps la jachère y a disparu, et la terre, libéralement traitée, y donne jusqu'à deux récoltes dans l'année. Les villages, dans toute cette région, sont spacieux, très-rapprochés les uns des autres et reliés par de magnifiques routes ombragées de beaux pommiers ou de grands noyers; les fermes, avec leurs toits aigus ou avancés, sous lesquels sèchent des guirlandes de feuilles de tabac ou d'épis de maïs, avec leur architecture originale, leurs sculptures décoratives sur bois, la fraîcheur de leurs peintures, avec leurs habitants aux visages placides et aux costumes pittoresques et variés, montrent tous les indices de la prospérité, de l'aisance et du bonheur domestique. La haute plaine est sans contredit, avec le vignoble, le plus riche pays de l'Alsace; c'est aussi l'un des plus peuplés : le loess, en effet, pour une superficie de 75,600 hectares dans le Bas-Rhin, compte une population de 136,650 âmes : ce qui fait près de 2 habitants par hectare.

La plaine basse. — La basse plaine, qui comprend la portion de la vallée du Rhin actuellement submersible, n'a pas la même importance dans les deux départements rhénans. Elle embrasse le tiers de la surface du département du Bas-Rhin, et n'occupe que la dixième partie du territoire du Haut-Rhin [1] : dans ce dernier département, elle forme une zone de 3 à 4 kilomètres. Dans le Bas-Rhin, si la région alluviale n'a que quelques kilomètres de largeur près de Strasbourg, au nord et au sud de la capitale de l'ancienne Alsace, elle s'élargit considérablement et a jusqu'à 12 et 14 kilomètres d'étendue sur certains points.

La partie superficielle de la plaine du Rhin est formée [2], en général, sur une épaisseur de 10 centimètres à 1^m,50 d'un limon sablonneux, qui a été apporté par les eaux du fleuve pendant l'époque actuelle ; ce limon est formé des mêmes éléments que le loess, c'est-à-dire d'argile, de sable, de calcaire, de potasse et d'autres sels ; le gravier qui forme le sous-sol se compose de galets analogues à ceux qu'on trouve dans le lit actuel du Rhin ; ils sont mélangés de sable au tiers ou à moitié de leur volume. Là où le gravier prédomine, le sol, profondément drainé par la perméabilité excessive des couches sous-jacentes, souffre beaucoup de la sécheresse, surtout si l'épaisseur du sol est faible. Les alluvions de l'Ill sont beaucoup plus riches que celles du Rhin : aussi, partout où elles se

---

1. 141,500 hectares dans le Bas-Rhin, y compris les alluvions des rivières ; 42,256 hectares dans le Haut-Rhin.

2. Daubrée, *Description géologique du Bas-Rhin*, 1851.

sont produites, le sol est-il d'une très-grande fertilité et, pour le moins, aussi peuplé que les districts les meilleurs du loess. Là où le gravier affleure, la sécheresse tue toute végétation, la culture disparaît pour faire place à de mauvaises pâtures ou au bois : tel est le district couvert par la grande forêt de la Hardt; ailleurs, comme dans le Rieth, le sol bas, tourbeux, manquant d'écoulement, pèche par un excès d'humidité et forme des prairies marécageuses pour la transformation desquelles un chimiste alsacien, M. Jérôme Nicklès, enlevé à la science par une mort prématurée, a proposé récemment un moyen aussi efficace que facile[1].

Toutefois, la proportion des bonnes terres l'emporte sur celle des mauvaises, et la population spécifique de la zone alluviale s'élève encore à un chiffre considérable, puisqu'elle est de 166 habitants par 100 hectares dans le Bas-Rhin. Déjà protégée, améliorée et assainie par les beaux travaux d'endiguement qui ont assigné au Rhin un lit régulier et invariable, cette contrée, que traversent de magnifiques canaux et une rivière dont les eaux sont riches et abondantes, paraît encore susceptible de grandes et fructueuses améliorations.

---

1. *Bulletin de la Société d'histoire naturelle de Colmar*. Année 1864.

CHAPITRE II.

LE CLIMAT.

Les trois grandes régions naturelles qui viennent d'être décrites ne se distinguent pas seulement par la nature, l'altitude et le relief des terrains qui les constituent : elles ont encore chacune un climat caractéristique.

La région montagneuse a un climat froid, rigoureux comme celui de tous les pays de montagnes; la neige recouvre, pendant six mois de l'année, les cimes qui atteignent 1,000 mètres de hauteur : ailleurs les froids durent quatre et cinq mois, suivant l'altitude. Les pluies y sont fréquentes et abondantes : la couche d'eau météorique qui tombe annuellement dans cette région atteint, dans certains districts, $1^m,50$ et plus, comme il résulte d'une communication faite à l'Académie des sciences par M. Charles Grad [1]. La quantité d'eau tombée est généralement proportionnelle à l'altitude du lieu, c'est-à-dire qu'elle est d'autant plus forte que l'on s'élève davantage; quoique l'air y soit

---

1. Voir *Comptes rendus des séances de l'Académie des sciences,* 2 septembre 1866, page 500. — Voir la courbe de la quantité de pluie tombée en Alsace, dressée par M. Müntz, ingénieur en chef des ponts et chaussées, page 18 du *Rapport sur l'enquête agricole dans le Haut-Rhin.*

chargé de beaucoup d'humidité, l'atmosphère ne laisse pas d'être pure et souvent claire sur les plus hautes cimes. Pendant l'hiver et l'automne, il n'est pas rare de voir la brume envelopper la plaine, des journées entières, d'un sombre et triste manteau, alors que, dans la montagne et même sur les collines, le soleil brille de tout son éclat. Le petit nombre de jours durant lesquels la température est propice à la végétation, explique le peu d'extension de la culture arable dans la région montagneuse ; l'avoine, le seigle et la pomme de terre, à peu près seuls, y trouvent la chaleur suffisante pour pousser, et encore ont-ils de la peine à arriver à parfaite maturité, aussi la production des grains y est-elle très-aléatoire, et fournit-elle de faibles rendements dans les années les plus favorables.

L'abondance des pluies et la grande humidité de l'air y permettent, par contre, la croissance des graminées, qui donnent des fourrages de qualité supérieure ; et de belles et riches prairies garnissent le fond des vallées bien exposées ; partout ailleurs, les magnifiques forêts qui ont pris possession du sol et couvrent presque toute cette région montrent, par la beauté et la vigueur de leurs arbres, que les bois se trouvent réellement à leur place dans les montagnes.

Le climat de la plaine d'Alsace, quoique tempéré, est variable. La température moyenne de l'année est la même qu'à New-York, à Londres, à Paris, à Dresde, à Prague et en Crimée ; mais elle présente les caractères du climat continental plus qu'aucune autre partie de la France sous le même degré de latitude. Pendant l'été, elle est plus élevée, et le froid de l'hiver plus intense; ainsi, durant les trois mois de juin, juillet et août, la température moyenne est de 18 degrés centigrades. Durant le printemps et l'automne, elle est de 10 degrés, tandis que la moyenne des trois mois d'hiver descend à 1°,3. Les écarts de température, dans le même jour, dans le même mois, sont considérables, ainsi qu'on peut le constater à l'examen des tableaux météorologiques [1].

Un fait important à noter dans le climat de la plaine d'Alsace, c'est la persistance d'une température élevée pendant une grande partie de l'année; en ne considérant que les moyennes mensuelles, on constate que, des premiers jours d'avril au 1er novembre, la température est supérieure à la moyenne de l'année. Avril et octobre ont à peu près la température moyenne. Les mois de mai, juin, juillet, août et septembre, c'est-à-dire cent cinquante jours, jouissent d'une température variant entre 15 et 19 degrés. Du 1er novembre au 1er avril, la température tombe considérablement: elle varie entre 0°,5 et 5°,5.

Cette répartition de la chaleur solaire et la haute température qui règne en Alsace durant les mois d'été expliquent pourquoi certains végétaux qui exi-

---

1. Le plus grand écart constaté entre les maxima et les minima d'un siècle, à Strasbourg, est de 59 degrés. L'écart moyen par an est de 45 degrés; par mois il est de 19 degrés. — Voir le journal *l'Alsace* du 2 et du 5 mai 1869.

gent, dans un temps donné, une grande somme de calorique, prospèrent parfaitement en Alsace, tandis qu'ils ne réussissent pas dans des localités où la température moyenne de l'année est égale ou supérieure même à celle de la vallée du Rhin. C'est à leurs étés chauds que les départements du Bas-Rhin et du Haut-Rhin doivent de posséder de riches vignobles, de pouvoir cultiver le maïs dans leurs champs, et d'ombrager leurs routes et leurs habitations de beaux châtaigniers, de noyers productifs et d'autres arbustes de pays bien plus méridionaux.

Ce climat exceptionnel provient, d'une part, de ce que, en raison de son éloignement des mers, l'Alsace ne subit pas l'influence tempérante de l'Océan, et, de l'autre (c'est la cause principale), de la conformation de la vallée rhénane. La grande chaîne des Vosges abrite, en effet, cette contrée du vent d'ouest ; de l'autre côté, les montagnes de la Forêt-Noire la protégent contre les vents d'est. Ce n'est qu'au sud-ouest, entre les dernières collines du Jura et le massif des Vosges, et au nord, entre les Vosges et la Forêt-Noire, que la plaine d'Alsace manque d'abri et se trouve ouverte aux mouvements de l'atmosphère.

Nos départements rhénans sont ainsi parfaitement abrités de toutes parts, sauf en deux places, relativement peu étendues. Les rayons du soleil, pouvant s'y concentrer, en élèvent considérablement la température, comme il arrive dans toutes les vallées encaissées. De là vient encore que les vents d'ouest ne s'y font presque jamais sentir, non plus que les vents d'est, tandis que ceux du nord et du sud y dominent. Ceux du sud-ouest, par suite, sont les plus fréquents ; ils appartiennent au grand courant d'air chaud qui, formé à la surface des sables brûlants du Sahara, franchit en tourbillonnant la Méditerranée, et se déverse sur l'Europe. Le courant saharien, après avoir remonté tout droit la vallée où roulent le Rhône, puis la Saône, arrêté par les monts Faucilles, s'infléchit à droite ; et, trouvant près de Massevaux l'espace resté libre entre les Vosges et le Jura, pénètre en Alsace pour aller ressortir, en suivant une ligne diagonale, par la trouée située à l'angle nord-est du Bas-Rhin. A son entrée dans le bassin rhénan, il a déjà perdu une partie de sa force et ses propriétés énervantes, mais il retient encore assez de chaleur pour réagir sur le climat local. De plus, il ne s'est pas dépouillé entièrement des vapeurs dont il s'était chargé en traversant la mer ; aussi, quand il souffle, provoque-t-il un rapide dégel en hiver, et amène-t-il la pluie en été ; les nuages qu'il forme dans cette dernière saison tempèrent l'ardeur du soleil.

Les vents du nord et du nord-est, dérivés du grand courant polaire, suivent une direction diamétralement opposée et agissent d'une façon essentiellement contraire: froids et très-secs en hiver, ils font monter le baromètre et descendre le thermomètre parfois jusqu'à 15 et 18 degrés au-dessous de zéro; en revanche, l'été leur doit le beau temps le plus durable. La sécheresse arrive quand ils règnent; par eux, enfin, sont chassés les nuages épars à la face du ciel, et le soleil dore de ses rayons bienfaisants et les pampres des coteaux et les moissons naissantes de la plaine.

Leur action prédominante cesse au mois de juin pour ne reprendre qu'à la fin de septembre; les vents du sud-ouest soufflent davantage, rendent la pluie à la fois plus fréquente et plus abondante pendant l'été, et rangent l'Alsace parmi les pays à pluies estivales[1];

---

1. *Répartition de la pluie dans l'année moyenne à Strasbourg.*

(36 années d'observation.)

MOIS ET SAISONS.	JOURS de pluie et de neige.	QUANTITÉ d'eau tombée		OBSERVATIONS.
		par mois.	par jour de pluie.	
Janvier	11.7	0m,0365	0m,0030	
Février	11.0	0 , 0334	0 , 0030	
Mars.	11.0	0 , 0402	0 , 0037	
Avril	10.6	0 , 0404	0 , 0040	
Mai	12.1	0 , 0714	0 , 0060	
Juin.	11.8	0 , 0775	0 , 0065	
Juillet.	12.0	0 , 0842	0 , 0070	
Août.	11.0	0 , 0732	0 , 0067	
Septembre.	11.0	0 , 0683	0 , 0062	
Octobre	11.3	0 , 0486	0 , 0044	
Novembre.	12.5	0 , 0559	0 , 0043	
Décembre.	11.6	0 , 0413	0 , 0034	
Hiver	34.0	0 , 1110	0 , 0031	
Printemps.	34.0	0 , 1520	0 , 0046	
Été	35.0	0 , 2350	0 , 0067	
Automne	35.0	0 , 1730	0 , 0051	
Année.	138.0	0 , 6710	0 , 0049	

d'où il suit que, tandis que la floraison, la maturité
et la moisson des céréales s'effectuent péniblement
les vendanges sont presque toujours très-favorisées.
C'est pendant l'été qu'éclatent de fréquents orages,
dont la direction suit la diagonale mentionnée plus
haut ; de là vient que le nord-ouest de l'Alsace est
toujours épargné par la grêle, tandis que le sud-ouest
en souffre très-fréquemment, l'inverse ayant lieu dans
le grand-duché de Bade. Un courant contraire et plus
élevé explique avec assez de probabilité comment les
hauteurs jouissent d'un ciel pur alors que la pluie ou
la brume cache la plaine aux regards.

Les observations prouvent que ces circonstances
climatériques n'ont pas changé depuis soixante-six
ans, malgré les déboisements et la mise en culture
des terres. La température moyenne n'a pas varié d'un
dixième de degré, et l'on constate qu'il y a plutôt augmentation que diminution dans la quantité d'eau
pluviale[1]. (?)

A côté des grandes causes que l'on vient de montrer en activité, il en est de secondaires qui ne
laissent pas de manifester leur influence. Par suite de
l'horizontalité du sol et de la présence à une faible

---

1. De 1804 à 1841, la couche annuelle d'eau météorique a été en
moyenne de 671 millimètres par an, d'après Herrenschneider.

De 1843 à 1857, elle a été trouvée de 722 millimètres, par
M. Bœckel.

Voir la *Description du Bas-Rhin*, tome Ier, page 698, et l'*Essai
sur l'hydrologie du bassin de l'Ill*, par M. Grad, pages 38 et suivantes.

profondeur d'une couche de gravier perméable en communication avec le lit du Rhin, il existe très-près de la surface de la vallée de puissantes nappes d'eau qui contribuent à la formation de brouillards plus ou moins intenses et, selon la saison, de gelées blanches. La couche brumeuse ne s'élève guère dans les hautes régions, car la flèche de la cathédrale de Strasbourg la dépasse souvent, et les collines sous-vosgiennes en sont rarement couvertes. C'est à leur exposition aux chaudes haleines méridionales, en même temps qu'à la concentration de la chaleur solaire sur leurs parois, qu'elles doivent de se couvrir de vignes, de maïs, de noyers. Ces conditions favorables ne se retrouvent plus à quelques kilomètres de là sur le versant occidental des Vosges; le grand courant du Sahara ne s'y fait plus sentir, les vents humides de l'Océan y soufflent fréquemment, les étés y sont moins chauds, les automnes plus humides et la culture de la vigne et du maïs cesse d'y être possible : aussi le contraste des cultures des deux côtés de la chaîne des Vosges est-il des plus frappants; et cependant les deux versants du massif sont aussi boisés l'un que l'autre, le sol y est le même, tant il est vrai que le climat d'un pays dépend bien plus de circonstances d'un ordre supérieur que de la culture et de l'état de la surface.

CHAPITRE III.

LES CULTURES.

L'agriculture a pour objet de tirer d'un terrain donné le meilleur parti possible; si tous les pays étaient placés dans les mêmes conditions, rien ne serait plus facile que de juger de la supériorité ou de l'infériorité de la culture d'une contrée, puisqu'il suffirait de voir en quoi son mode d'exploitation diffère de celui qui représente le type le plus parfait. Mais, les conditions étant essentiellement différentes, les systèmes de culture doivent varier, comme la nature des végétaux propres à chaque sol, à chaque climat et à chaque situation. La montagne appelle un autre mode d'exploitation que la plaine; les plantes les plus productives dans les contrées à climat maritime cessent de l'être partout où les étés sont secs et brûlants. La perfection consiste à savoir approprier à chaque pays le système de culture qui donne d'une manière soutenue le plus grand revenu possible: ce système peut être de faire du bois, quand c'est la forêt qui prospère le mieux et donne le plus d'avantages. Il peut être encore la culture extensive, quand elle est plus rémunératrice qu'aucune autre; et de même ailleurs l'agriculture doit viser aux grosses récoltes, aux plantes industrielles pour répondre le plus possible aux conditions naturelles et économiques de la contrée. Or, s'il en est ainsi, on arrive de suite à remarquer que les rapprochements faits, dans plusieurs écrits justement célèbres, pour constater le degré de prospérité agricole de pays soumis à des conditions dissemblables, ne sont pas très-fondés, que la méthode qui consiste à juger de l'agriculture d'un pays par l'étendue de ses prairies, et de ses cultures fourragères ou autres repose sur une base chancelante, d'autant plus chancelante que la distinction en plantes améliorantes et plantes épuisantes n'est pas exacte; car tous les végétaux, à quelque famille botanique qu'ils appartiennent, épuisent le sol dès qu'on exporte tout ou partie des produits qui en dérivent. Les cultures fourragères à gros rendements sont même plus épuisantes dans ce cas qu'aucune autre, car elles n'agissent pas sur la surface seule: elles vont encore dépouiller les couches profondes des éléments de fertilité qui y sont accumulés. Si, comme quelques économistes l'ont avancé, les cultures fourragères rendaient plus aux terres qu'on ne leur prend, sous forme de foin, de lait et de viande, comment expliquerait-on la nécessité pour la Hollande, qui ne forme qu'une immense et luxuriante prairie, d'importer des masses considérables d'engrais des villes et de l'étranger afin de maintenir la fertilité de ses riches pâturages? Comment l'Angleterre, avec sa *culture améliorante par excellence*, aurait-elle besoin d'aller partout enlever aux champs de bataille leurs ossements; aux îles perdues dans les océans, leur guano ; aux côtes du Chili, leurs nitrates ; à la Russie, ses tourteaux[1] ? Comment cette agriculture aurait-elle donc mérité le nom de vampire (*Raubwirthschaft*) que lui a donné un savant illustre ? Les Pays-Bas, l'Angleterre, le Holstein, en donnant la plus grande extension aux prairies, aux cultures fourragères, en produisant les unes beaucoup de viande, les autres beaucoup de lait, font ce qui convient le plus à leurs terres humides et surtout à leur climat brumeux pour en tirer le produit brut et le produit net le plus élevé; mais il ne s'ensuit nullement que ce soit la même distribution de cultures, le même mode d'exploitation, qui conviennent le mieux à d'autres contrées placées dans des conditions différentes, et que tout ce qui s'en éloigne ou s'en rapproche soit une marque d'infériorité ou de progrès.

La meilleure agriculture, la culture améliorante ne réside pas seulement dans l'assolement et dans le choix des végétaux à cultiver; elle consiste surtout dans un ensemble d'opérations qui ont pour objet d'accroître la puissance productive d'une terre et de placer les spéculations agricoles propres au pays dans

---

1. En 1865, l'importation dans la Grande-Bretagne en engrais et tourteaux n'a pas été moindre en nombres ronds de :

Guano. . . . . 233,500,000 kilogr.
Os et noir animal . . . . 77,500,000 —
Tourteaux de graines oléagineuses. . 88,600,000 —
Nitrate de soude. . . . . 1,565,000 hectol.

les conditions où elles donnent le maximum de revenu; elle consiste dans l'assainissement des terres humides, dans l'irrigation des terres sèches, dans la collecte intelligente de toutes les matières fertilisantes de la ferme aussi bien que de la ville, dans l'apport du dehors de masses d'engrais destinés à enrichir les champs. C'est en examinant si un pays remplit ces conditions qu'on peut apprécier la valeur de son mode d'exploitation et juger de son degré d'avancement en agriculture. Les considérations qui vont suivre feront voir jusqu'à quel point l'agriculture de nos deux départements rhénans se rapproche de la perfection.

Pâturages. — L'un des traits caractéristiques de l'agriculture alsacienne, c'est qu'elle ne laisse pas de terrain à l'état inculte: il n'est pas une parcelle de terre qui ne soit en valeur, pas une anfractuosité de rocher qui ne porte un arbre; les chemins sont étroits, réduits aux proportions nécessaires pour une circulation facile; leurs fossés et leurs accotements sont engazonnés et forment de véritables prés; partout on trouve les signes d'une culture soignée : c'est là ce qui frappe tous les voyageurs qui traversent le pays. Ce que la statistique comprend sous le nom de *landes* et *pâtis*, ce sont des pâturages qui ne laissent pas de nourrir un certain nombre de bestiaux, durant une partie de l'année. Les trois quarts et même les quatre cinquièmes de ces pâtures occupent le sommet et la partie supérieure des vallées les plus élevées des Vosges. Elles comprennent les ballons et les cimes depuis l'altitude de 1,000 mètres jusqu'à 1,400 mètres, où la température moyenne de l'année ne dépasse pas 4 à 5 degrés et où la chute d'eau pluviale est représentée par une nappe d'eau d'un mètre d'épaisseur et plus. Ces pâtures sont exploitées depuis des siècles, du mois de juin au mois de septembre, par des troupeaux de vaches dont le lait sert à la fabrication de fromages qui ont une certaine renommée (fromages de Munster et de Gruyère). Dans les vallées, les pâturages présentent moins de plantes aromatiques, mais les animaux y trouvent une herbe plus abondante. Ces pâturages sont assez rarement entrecoupés de parties incultes, de landes ou de terrains rocailleux que, depuis un certain nombre d'années, on s'attache à faire disparaître en les boisant.

Il existe aussi dans la plaine une certaine étendue de pâtures qui sont constituées par des terrains marécageux ou tourbeux et par des grèves. Ces pâturages, qui ne fournissent au bétail qu'une chétive et maigre nourriture, font tache au milieu de cette contrée où la population est si serrée, et ce n'est pas un fait digne de peu d'attention de constater que ces pâtures sont toutes des terrains communaux. Depuis longtemps, en effet, les particuliers ont fait disparaître de leurs domaines tous les éléments arides; et, quand on songe à l'énergie et à la persévérance qui caractérisent le cultivateur alsacien, il est navrant de voir de si belles qualités paralysées par l'esprit de la communauté, laissant à l'état de stériles graviers des terrains que l'initiative individuelle est capable de transformer en riches prairies arrosées [1]. Déjà Schwertz avait été frappé de ce fait au commencement de ce siècle et avait laissé éclater librement son étonnement, son indignation même, à l'aspect des immenses terrains vagues qui se trouvaient dans les arrondissements de Schlestadt et de Strasbourg ; mais, on doit se hâter de le dire, les reproches de Schwertz ne sont plus aussi mérités : les 25,000 hectares de terrains communaux vagues, trouvés par l'agronome allemand, ont presque disparu ; il en reste à peine 8,000, en y comprenant les pâturages des montagnes ; et les parties peu productives ne tarderont pas à être améliorées à leur tour. La ville de Strasbourg a, la première, donné l'exemple, en transformant, dès 1830, ses pâturages vagues en excellentes terres arables ; et, en 1840, comprenant dans une même pensée l'amélioration du sol et la régénération d'hommes égarés par le vice, elle a fondé la colonie d'Ostwald, qui achève son œuvre. Après 1848, les cantons de Geispolsheim, d'Obernai, d'Erstein, de Zellwiller ont, à leur tour, défriché leurs communaux et en ont fait des districts très-fertiles et bien cultivés. Ailleurs, les terrains vagues, jugés trop maigres pour la culture, ont été

---

1. Nous ne pouvons nous empêcher de citer ici les remarquables et luxuriantes prairies arrosées, créées sur des grèves à Ingersheim par M. Herzog. La portion de ces grèves que la commune n'a pas voulu vendre est restée ce qu'elle est depuis des siècles, c'est-à-dire triste et abandonnée à quelques maigres animaux.

reboisés. Dans le Haut-Rhin, les améliorations ont été poursuivies avec non moins d'énergie. La plus grande partie des pâtures maigres et pierreuses des montagnes sont boisées; dans l'Ochsenfeld, de grandes et généreuses tentatives ont été effectuées pour en faire disparaître la bruyère; et, parmi ces tentatives, on doit citer en première ligne l'asile agricole de Cernay dû à l'initiative privée, et où un homme de mérite, M. Zweifel, consacre une vie de dévouement et des connaissances étendues à la triple amélioration du sol, de l'esprit et du cœur de l'enfance: des prairies dans les parties irriguables, de belles cultures dans les meilleurs terrains et des semis de pin dans les parties les plus arides, utilisent aujourd'hui à peu près complétement cette petite Sologne de l'Alsace. Citons enfin l'utile transformation en belles prairies des vastes terrains caillouteux situés sur les bords de la Fecht.

L'étendue des pâtures, pâtis et landes du Haut-Rhin doit aujourd'hui être comprise entre 18,000 et 20,000 hectares. Cette proportion plus grande, par rapport à celle du Bas-Rhin, ne doit pas surprendre, si l'on se rappelle que la partie de la chaîne des Vosges la plus haute, la plus profondément découpée, la plus large, se trouve située dans le Haut-Rhin, et qu'au-dessus de la zone des forêts, à partir de 800 à 1,000 mètres d'altitude, les pâturages occupent la plupart des cimes et les vastes ballons des Vosges. Néanmoins, en admettant même que ces pâ-

2

turages de montagnes soient incultes, ce qui n'est pas, car certains d'entre eux sont très-productifs, la proportion des terres incultes serait encore en Alsace de beaucoup inférieure à ce qu'elle est dans la moyenne des départements français, à ce qu'elle est en Angleterre. La supériorité de l'Alsace est même très-grande à ce point de vue par rapport à l'Écosse, puisque la surface productive atteint, dans nos deux départements rhénans, le chiffre de 94 à 95 p. 100 de la superficie totale; les terrains incultes, l'emplacement des routes, canaux, rivières, étangs, mines, maisons, etc., n'occupent pas plus de 5 à 6 p. 100 du territoire. En Saxe, la superficie improductive est de 4.24 p. 100; mais en Angleterre, et surtout en Écosse, elle atteint un chiffre de beaucoup supérieur (plus du double).

Forêts. — La surface productive comprend le domaine forestier et le domaine agricole. Le premier occupe une portion considérable du territoire; il n'embrasse pas moins de 300,000 hectares[1] : c'est le tiers du territoire de l'Alsace. Ce district forestier est l'un des plus beaux, des mieux aménagés et des plus productifs de France; les essences qui le composent sont admirablement appropriées aux aptitudes du climat et du sol de chaque localité. Aux dernières limites de la végétation forestière, c'est le hêtre qui con-

---

1. Il y a dans le Bas-Rhin, actuellement, 149,083 hectares de bois, dont 23,000 appartiennent à l'État; et, dans le Haut-Rhin, 155,200, dont 40,000 appartiennent à l'État; le reste est aux particuliers et aux communes.

stitue les massifs; à une moindre hauteur au-dessus
du niveau de la mer, ce sont l'épicéa et le sapin, puis
vient le mélange de résineux et de hêtres; enfin les
futaies de chênes, de bouleaux, de charmes, de hêtres revêtent le pied des montagnes et le sommet des
collines. Rien de plus satisfaisant à l'œil et de plus
imposant à la fois que cette longue chaîne de montagnes couvertes sans interruption de belles forêts
au feuillage tantôt sombre, tantôt clair, et varié à
l'automne de mille couleurs différentes.

L'Alsace fait reculer les bois autant qu'elle le peut
devant les vignes et les prairies; elle ne s'arrête que
là où toute autre culture serait aléatoire et souvent
compromise par la rigueur du climat et les difficultés
de la culture; mais elle s'est bien gardée, avec raison, de déboiser les terrains qui ne pouvaient donner
économiquement d'autres produits. Aussi le domaine
forestier occupe-t-il presque tout entier la région
montagneuse. Dans la zone des collines, le bois couvre toutes les pentes escarpées aux mauvaises expositions; enfin, dans la plaine, la forêt, qui autrefois la
recouvrait totalement, a disparu de bonne heure pour
faire place à l'agriculture; aujourd'hui, on ne la re-
trouve plus que sur des sables très-pauvres, en massifs plus ou moins considérables, isolés et disséminés
sur toute la surface. Les plus grandes forêts de cette
région sont, dans le Haut-Rhin, celle de la Hardt
qui a 16,000 hectares, et, dans le Bas-Rhin, celle de
Haguenau, qui en compte 40,000.

En général, toutes les forêts de l'Alsace sont bien aménagées; elles sont bien percées et d'une exploitation facile. Les forêts communales laissent toutefois à désirer: on y voit trop les effets dévastateurs d'un bétail mal surveillé.

Les districts forestiers ont considérablement gagné depuis vingt ans, par suite de l'ouverture des grands canaux qui unissent le Rhin à la Seine et au Rhône, et par suite également de la construction de bons chemins[1]; cette amélioration a eu un autre résultat, celui de cantonner les bois dans les situations et sur les terrains les plus propres à la production ligneuse. Le domaine forestier n'a pas toutefois diminué en Alsace autant qu'on pourrait le croire, en présence d'une population très-dense; si des bois en plaine et sur les collines ont été abattus par la cognée et remplacés par des cultures plus profitables, comme celles de la vigne, de la prairie, du houblon, du chanvre et du blé, par contre, bien des pâtures maigres, des terrains rocheux ont été boisés en même temps qu'on a garni les clairières, planté les vides, veillé davan-

---

1. Avant l'ouverture du chemin de fer et du canal de la Marne au Rhin, le stère de bois de hêtre se vendait 6 francs; depuis il a atteint le prix de 10 à 12 francs; le chêne (bois de chauffage), qui vaut aujourd'hui 8 francs le stère, ne dépassait pas 4 francs. Le mètre cube de sapin, volume réel, se vendait de 15 à 18 francs; aujourd'hui il vaut 25 francs et quelquefois plus encore. Le chêne (bois de construction) ne se payait que de 20 à 25 francs le mètre cube au maximum; il se vend aujourd'hui 60 francs. (Note due à l'obligeance de M. Alfred Goldenberg, membre du conseil général.)

tage au repeuplement naturel des bois existants. Malgré la diminution de la surface qui a eu lieu après l'œuvre des défrichements, il n'est pas douteux que le produit brut total et le revenu net des forêts ne se soient accrus en Alsace dans une proportion considérable. La réduction du domaine forestier dans le Bas-Rhin était, en 1860, de 16 à 17,000 hectares pour une période de 70 ans. Il est même bon de remarquer à ce sujet que dans ce laps de temps, tandis que la superficie des bois de l'État diminuait de près d'un tiers (28 p. 100) et celle des communes de 7 $\frac{1}{2}$ p. 100, les propriétés particulières en bois s'accroissaient de près de 70 p. 100, et celles des établissements publics d'un cinquième (18 p. 100)[1]; ce qui prouve évidemment que les forêts aliénées par l'État n'ont pas été toutes défrichées et livrées à la culture, et que certainement les acquéreurs se sont gardés de déboiser des terrains pauvres dont la mise en valeur eût été trop peu avantageuse: les bonnes

---

1. *Statistique des forêts du Bas-Rhin, d'après les archives de l'administration des forêts.*

DÉSIGNATION.	ÉTAT en 1791.	ÉTAT en 1860.	DIFFÉRENCE	
			réelle.	pour 100.
Bois appartenant :				
A l'État.	73,439ʰ74ᵃ	52,865ʰ86ᵃ	— 20,573ʰ88ᵃ	— 28
Aux communes.	71,156 11	65,643 61	— 5,512 50	— 7.5
Aux établissements publ.	925 73	1,085 48	+ 159 75	+ 18
Aux particuliers	14,115 51	23,976 33	+ 9,860 82	+ 69
Totaux . . .	159,637 09	143,571 28	—16,065 81	

terres seules ont vu disparaître les bois, et c'est une démonstration palpable que la production ligneuse n'est pas incompatible avec l'intérêt privé; tout consiste à savoir mettre à sa place chaque nature de production.

Vignobles. — Les terrains exploités par l'agriculture (déduction faite des pâturages) embrassent une superficie totale de 515,000 hectares, savoir 278,000 dans le Bas-Rhin, ou 61 p. 100 de la surface totale du département; 237,000 dans le Haut-Rhin, ou à peu près 58 p. 100 de la surface totale du département.

La vigne est la première culture qui attire le regard, quand on franchit les Vosges, dans la direction de l'orient; elle occupe de 25 à 26,000 hectares[1]. Il n'y en a pas de plus belles, de mieux soignées autre part. Le choix des cépages peut être meilleur, la taille faite suivant des méthodes plus perfectionnées, le vin de qualité supérieure; mais, nulle part, on ne trouverait des vignobles tenus avec plus de propreté et de goût, dotés de meilleurs chemins et produisant davantage. C'est par 80 et 100 hectolitres de vin que s'y compte le rendement d'un hectare, c'est de 1,000 à 1,500 francs que s'en évalue le produit brut, laissant 8 et 9 p. 100 pour l'intérêt d'un capital engagé

---

1. Haut-Rhin : 11,800 hectares.

    Bas-Rhin : 13,368   —

La statistique de 1840 indique une surface de 17,857 hectares pour le vignoble du Bas-Rhin, et de 10,742 hectares pour celui du Haut-Rhin.

montant à 8, 10, 12, 15 et 20,000 francs. L'Angleterre et la Saxe n'ont rien de comparable ; car aux fameuses houblonnières du Kent on peut opposer celles de Haguenau.

Le précieux cep a toujours été en grand honneur dans la province, et il y constitue, on le voit, l'une des principales sources de sa richesse. Introduit, il y a seize siècles et au delà, sous la domination romaine, il n'a cessé d'attirer la sollicitude du cultivateur alsacien. Les vieilles chroniques en mentionnent le vin comme figurant sur la table des rois mérovingiens et de leurs leudes. Les Capitulaires de Charlemagne contiennent des instructions qui attestent une grande sollicitude en faveur des vignes que possédait le puissant empereur sur toutes les rives du Rhin. Grâce à sa réputation et à la facilité d'écouler ses produits, le vignoble alsacien a dû prendre de bonne heure de grands développements. Il paraît même que la vigne était arrivée à décorer de ses grappes d'or une plus grande surface que celle qu'elle occupe aujourd'hui. On ne saurait voir dans ce fait la conséquence d'un refroidissement du climat, ainsi que quelques personnes l'ont avancé ; ce changement s'est produit naturellement sous l'influence des modifications apportées dans les conditions économiques. La construction des voies ferrées, qui permet aux vins du Midi d'affluer sur le marché et de déprimer les cours, a eu pour effet de faire supprimer les vignes de qualité inférieure. Les bons crus seuls ont résisté et se sont développés d'autant plus que les centres de consommation leur devenaient plus accessibles.

Les vignobles de la plaine, ne pouvant donner que des produits incertains[1] et de qualité médiocre, ont disparu en grande partie devant la concurrence des produits lorrains ou méridionaux. Les collines, au contraire, qui doivent à la qualité de leur sol de donner un bouquet spécial très-recherché, ont vu leurs flancs se couvrir de nouveaux pampres. Il n'y a donc pas, comme on le croit, décadence parce que la vigne se cantonne dans les seuls districts où elle donne un produit rémunérateur; bien plus, il y a progrès et c'est le plus grand témoignage de la sagesse du cultivateur que d'obéir à propos aux lois naturelles et économiques qui veulent la spécialisation des cultures, non-seulement en raison du sol et du climat, mais encore en raison de la demande du marché de chaque époque.

Avec la vigne, les Romains introduisirent le châ-

---

1. L'altitude comprise entre 200 et 350 mètres est la plus favorable à la vigne. Aux chaudes expositions, elle gravit les pentes jusqu'à 500 mètres au-dessus du niveau de la mer. En plaine, les gelées, surtout les gelées printanières, sont beaucoup plus à craindre que dans les régions supérieures. En 1830, la température descendit à — 24°; presque toutes les vignes y succombèrent, tandis qu'à 300 et 400 mètres, elles résistèrent. En 1854, pareil désastre atteignit le vignoble des environs de Colmar. Notons, au reste, que l'humidité, qui en est cause, nuit également beaucoup à la qualité du vin. — *Géographie botanique de l'Alsace*, par le Dr Kirschleger; Strasbourg, 1860.

taignier, le noyer, le pêcher, le cerisier et à peu près tous les arbres fruitiers qu'on trouve dans le pays ; car avant Probus, l'Alsace ne devait pas présenter un aspect bien différent de celui que peignait Tacite en parlant de la sauvage Germanie. Les châtaigneraies n'ont pu s'étendre en raison du prix des terres ; elles n'occupent, selon M. Kirschleger, que quelques centaines d'hectares, et les noyers ne servent guère que de bordure aux routes. Quant aux arbres fruitiers, malgré l'étendue des vergers, ils n'offrent rien de remarquable : c'est une ressource dont les Alsaciens n'ont pas tiré tout le parti convenable. Dans ces dernières années, des tentatives ont été faites pour introduire le mûrier.

Les céréales, les fourrages et les plantes industrielles. — La culture arable et les prairies occupent un peu plus de la moitié de la superficie des deux départements : elles embrassent 57 p. 100 de la surface du Bas-Rhin [1] et 54.69 p. 100 de celle du Haut-

---

1. D'après les documents les plus récents, le sol du département du Bas-Rhin se répartit comme il suit :

Cultures arables	195,330 hectares ou	42.93	p. 100.
Prairies naturelles et vergers.	63,999	—	14.07 —
Vignes	13,368	—	2.94 —
Pâtures et pâtis	12,157	—	2.67 —
Forêts et bois	149,080	—	32.75 —
Terrains, bâtiments, routes, canaux, rivières, etc.	21,100	—	4.64 —
Totaux	455,034	—	100.00

Rhin[1]. L'Alsace se fait remarquer par le nombre et la variété des plantes qu'elle cultive. De bonne heure son agriculture fut florissante et parvint à s'enrichir des plantes les plus renommées. Grâce à sa position, cette belle province attira sur elle et sur ses ressources l'attention de tous les souverains. Nous avons déjà parlé des avantages que lui accordèrent les Romains. Sous la domination franque, elle fut le séjour favori des rois mérovingiens, et les chroniques mentionnent l'attention qu'ils donnaient à leurs domaines ruraux et à leurs vignobles alsaciens. Charlemagne, comme ses prédécesseurs, y posséda de nombreuses fermes, et plus d'une fois il vint les visiter dans les loisirs que lui laissaient ses lointaines et victorieuses expéditions et les soins du gouvernement. Les Capitulaires nous ont conservé une liste aussi précieuse qu'intéressante des plantes dont le puissant empereur prescrivait la culture dans ses propriétés rhénanes. Cette liste renferme, à peu d'exceptions près, toutes les céréales et les légumineuses qu'on trouve aujour-

---

1. Répartition du sol dans le Haut-Rhin :

Cultures arables.	163,759 hectares ou	39.75 p. 100.
Prairies naturelles et vergers.	61,482 —	14.92 —
Vignes.	11,800 —	2.89 —
Pâtures et pâtis	23,300 —	5.65 —
Bois et châtaigneraies	138,584 —	33.65 —
Terrains bâtis, routes, canaux, etc.	12,934 —	3.14 —
Totaux.	411,859 —	100.00 —

d'hui dans cette partie de la France : c'est le froment, le seigle, l'orge et l'avoine, les féveroles, les lentilles, les pois, les haricots, le chou, le panais, le chanvre et le lin, le pavot, le colza, le cardon, la moutarde. A la nomenclature des arbres, il n'y a rien à ajouter ; on y voit figurer le nom de toutes les essences forestières qui composent les boisements rhénans et celui des variétés d'arbres à fruits qu'on trouve encore dans les jardins et les vergers de l'Alsace.

Ce fut en 1540 que le maïs fit son apparition dans cette contrée ; le houblon y pénétra peu d'années après. La pomme de terre, décrite et figurée déjà en 1590, eut, comme toutes les bonnes choses généralement, une dispersion à la fois lente et difficile ; le précieux tubercule, qui devait devenir la base de l'alimentation des habitants de ces contrées, ne s'y vulgarisa qu'à partir de 1796. Le tabac commença à être cultivé en 1620, et déjà à la fin du dix-septième siècle l'Alsace en livrait à la consommation publique 2 millions et demi de kilogrammes. Dès 1718, la production de cette denrée atteignait le chiffre de 4 millions de kilogrammes, et dans Strasbourg seule on comptait 72 manufactures de tabac occupant 8,000 ouvriers.

Charles-Quint voulut aussi doter l'agriculture alsacienne d'un bienfait ; il apporta lui-même, sur les bords du Rhin, les premiers plants de garance, et il en encouragea la culture pour faire concurrence aux produits de la Hollande. Le succès fut tel, qu'en 1778, la production de cette substance tinctoriale montait à 25 millions de kilogrammes de racines par an.

Enfin, dès 1775, les plantes fourragères les plus précieuses, telles que le trèfle, la luzerne et le sainfoin, déjà introduites dans le seizième siècle, prirent une place importante dans la jachère des fermes alsaciennes, alors qu'elles étaient encore à peu près inconnues dans le reste de la France.

Grâce à ces importations, grâce aux encouragements de tous les souverains qui se sont succédé tant en Allemagne qu'en France, et surtout grâce aux avantages que les cultivateurs ont trouvés de tout temps dans les débouchés offerts par les pays situés le long du Rhin, l'agriculture de l'Alsace est arrivée de bonne heure à prendre le caractère d'agriculture perfectionnée ou mieux d'agriculture industrielle. C'est à la faveur de ces circonstances exceptionnellement favorables que cette province put avoir, au commencement de ce siècle, une très-grande avance sur tous les départements voisins, avance que ceux-ci cherchent à faire disparaître depuis qu'ils ont les mêmes facilités pour l'écoulement de leurs produits et les mêmes marchés à leur portée.

C'est le propre de l'agriculture rationnelle de changer son mode d'exploitation et de l'approprier aux conditions économiques et aux besoins de chaque époque. Elle se comporte en cela comme les institutions humaines, qui doivent varier suivant que la société varie elle-même, pour répondre toujours à la situation présente. Aussi l'Alsace dut-elle passer, avant d'arriver à cette belle et puissante agriculture que Schwertz décrivait déjà au commencement de ce siècle, par tous les systèmes qui s'échelonnent, se succèdent à mesure que la population augmente, depuis le mode d'exploitation semi-sauvage, que l'on trouve encore dans les tribus du nord de l'Amérique, jusqu'au système de culture intensive avec plantes industrielles en usage dans les pays les plus civilisés. Mais, sans remonter aux périodes de la culture pacagère et de l'écobuage, il est probable que, dès les premiers temps de l'occupation romaine, la culture biennale, avec une année de jachère et souvent deux pour une année de culture, régna en Alsace ; elle s'y maintint jusqu'à l'époque où la main puissante de Charlemagne imprima un nouvel essor à l'agriculture. Les besoins de la population locale, croissant concurremment avec l'extension des débouchés extérieurs, amenèrent les cultivateurs alsaciens à restreindre l'étendue de la jachère, à prendre deux récoltes après une année de repos. Ce système s'est continué pendant une longue période de temps ; et ce n'est guère que depuis le commencement de ce siècle que la jachère nue a commencé à disparaître. Aujourd'hui le sol arable, en Alsace, n'a plus le repos traditionnel que conseillaient les autorités de l'antiquité, comme Pline, Caton et Columelle. La jachère n'existe plus que de nom ; la place qu'elle prenait est occupée par des fourrages, par des pommes de terre, par des betteraves. Tous les ans la terre, libéralement fumée, donne une ample moisson ; il n'est pas rare même que le cultivateur alsacien, utilisant les aptitudes de son sol et de son climat, n'en réclame deux dans le cours de la même année. Dans les districts les plus riches, l'assolement triennal a été remplacé par la culture alterne ; et l'on voit alors le froment et l'orge d'une part, le tabac, le colza, le pavot et le lin de l'autre, se succéder sans interruption sur les mêmes champs. Les céréales des pauvres terres et des pauvres pays n'existent plus en Alsace : on ne trouve plus dans le Bas-Rhin de sarrasin, et le seigle n'y embrasse qu'une fraction minime de la surface, tandis que le froment, l'orge et les plantes industrielles y occupent une place importante. Le tableau ci-dessous indique la répartition des diverses sortes de cultures dans les deux départements.

CULTURES.	BAS-RHIN.		HAUT-RHIN (a).	
	CONTENANCE.	PROPORTION p. 100 de la surface totale.	CONTENANCE.	PROPORTION p. 100 de la surface totale.
	Hectares.		Hectares.	
Froment	60,259	13.24	38,468	9.34
Méteil	3,741	0.82	7,285	1.77
Seigle	7,805	1.72	17,858	4.34
Orge	26,213	5.76	23,013	5.59

(A) Des documents précis manquent sur l'état actuel de la division des cultures dans le Haut-Rhin, les documents inédits de la statistique faite en 1862 étant incomplets pour ce département. Les chiffres donnés dans le tableau doivent toutefois se rapprocher assez de la vérité pour être admis comme exacts ; il est probable cependant que les cultures industrielles occupent aujourd'hui dans les deux départements une surface beaucoup plus grande que celle qui est mentionnée.

CULTURES.	BAS-RHIN.		HAUT-RHIN.	
	CONTENANCE.	PROPORTION p. 100 de la surface totale.	CONTENANCE.	PROPORTION p. 100 de la surface totale.
	Hectares.		Hectares.	
Maïs	1,709	0.37	1,192	0.29
Pois, haricots, lentilles.	3,649	0.80	767	0.19
Menus grains	2,497	0.55	1,080	0.26
Sarrasin	4		733	0.18
Pommes de terre . . .	34,102	7.49	22,868	5.55
Avoine.	13,036	2.86	9,893	2.40
Plantes oléagineuses. .	6,500	1.43	3,017	0.73
Plantes textiles	3,900	0.86	1,268	0.31
Tabacs	4,800	1.05	389	0.10
Houblon	1,200	0.26	99	0.02
Plantes tinctoriales (A).	600	0.13	»	»
Chicorée, moutarde . .	450	0.10	»	»
Betteraves	3,550	0.78	6,278	1.53
Choux, navets, etc. . .	2,000	0.45		
Prairies artificielles . .	16,965	3.75	15,000	3.64
Prairies naturelles. . .	58,739	12.91	55,682	13.52
Jachère (B)	»	»	10,880	2.64
Jardins.	2,350	0.51	3,665	0.89
Vergers	5,260	1.16	5,800	1.40

(A) La garance, dans le Haut-Rhin, est comptée avec le tabac.
(B) La jachère est utilisée pour des fourrages en grande portion; peu de jachères proprement dites.

Comme on peut le voir, les deux départements n'ont pas fait les mêmes progrès ; le Bas-Rhin a de beaucoup devancé le Haut-Rhin. Non-seulement les cultures industrielles tiennent une place moins grande dans ce dernier département, non-seulement les céréales d'élite y occupent une moindre superficie ;

mais le froment, l'orge, l'avoine et le maïs y donnent un rendement moindre et les grains sont même moins riches, fournissent moins de farine[1]. La vigne seule fait exception. Cette inégalité dans le rendement des terres et dans la qualité du grain tient-elle à la différence d'altitude, à une moins bonne exécution des travaux ? Ces conditions peuvent exercer sans doute quelque influence, mais elles ne constituent pas la cause prédominante : la différence provient surtout et avant tout de la fumure des terres. Il est en effet bien surprenant de voir le Bas-Rhin importer des quantités considérables d'engrais, tandis que les agriculteurs du Haut-Rhin ne se préoccupent pour ainsi dire pas de recueillir les substances capables d'améliorer la fertilité de leur sol ; ils se contentent des fumiers qu'ils produisent avec leur bétail ; et, loin d'acheter celui qui se fait dans les villes, ils le laissent emporter sur le canal du Rhône au Rhin dans le

---

1. *Rendements des cultures par hectare (semence non déduite).*

	Bas-Rhin.	Haut-Rhin.
Froment	21 hectol.	19 à 20 hectol.
Méteil	19 —	18 —
Seigle	20 —	20 —
Orge	29 —	27 —
Sarrasin	22	15
Maïs	21 —	15 —
Avoine	31 —	30 —
Féveroles, haricots, pois.	20 —	14 —
Pommes de terre	180 —	120 —
Betteraves	30,000 kilogr.	25,000 kilogr

département du Bas-Rhin. Or, avec une culture exigeante, intensive, qui prend beaucoup au sol, il faut
des apports d'engrais considérables pour compenser
la fertilité enlevée par les denrées exportées; l'engrais de la ferme cesse de suffire puisqu'il n'y a plus
compensation et que l'équilibre n'existe plus entre
les éléments de fertilité dérobés au sol et ceux qu'on
lui restitue par les fumiers de la ferme; et il devient
indispensable de chercher des engrais du dehors,
d'en accumuler dans les terres, sous peine de voir
s'appauvrir le sol et diminuer les rendements et la
qualité du grain. C'est non-seulement grâce à sa culture, libéralement dotée de fumiers du dehors apportés sous toutes formes, que le Bas-Rhin doit d'a-
voir pu donner à l'orge et au froment le cinquième
environ de la surface totale du département et plus
du tiers du territoire agricole ; c'est à la même cause
qu'il doit le développement de ses cultures industrielles, cultures qui sont la gloire de l'agriculture
alsacienne et l'une des principales sources de sa
prospérité. L'Alsace n'a pas visé à introduire les industries modernes qui se sont propagées dans nos
départements du Nord; elle n'a pas fondé de sucre-
ries, de distilleries de betteraves ; elle a amélioré ce
qu'elle avait, ce qu'elle connaissait : et elle avait un
vaste choix puisqu'elle possédait la garance, le pavot,
le colza, le lin, le chanvre, le tabac, le houblon. Ap-
propriant toujours ses cultures aux besoins du marché
et aux conditions de la main-d'œuvre, le cultivateur,

dans ces dernières années, s'est surtout attaché à développer ses houblonnières, tandis qu'il a réduit ses cultures de garance qui demandent beaucoup de bras. Rien de plus beau, de mieux soigné que ces riches cultures de tabac, de pavot, etc. La patiente et persévérante activité de l'Alsacien ne se lasse pas dans la recherche des moyens propres à accroître ses rendements ; et les résultats de ses cultures sont un bien grand encouragement ; en effet, que pourrait-on leur comparer : le pavot, le colza, la cameline donnent un produit moyen de 500 à 600 francs par hectare ; le chanvre et le lin rendent 19 quintaux de filasse d'une valeur de 1,600 francs en moyenne, le tabac donne généralement par an de 1,800 à 2,000 kilogrammes de feuilles sèches valant de 1,200 à 1,300 francs. Le produit de la garance est double. Les houblonnières fournissent un résultat encore plus remarquable ; puisque le produit moyen d'un hectare atteint le chiffre de 2,660 francs, laissant un bénéfice de 1,000 à 1,200 francs, lequel a monté parfois à 2,000 francs par hectare. La plupart de ces belles et riches cultures, non-seulement donnent des produits qui sont trois, quatre, cinq et six fois plus considérables que ceux des meilleures prairies, elles préparent encore les terres à fournir de plus abondantes moissons de céréales et livrent, en outre, aux ouvriers une somme considérable de travail, qui peut atteindre 5, 6 et 700 francs par hectare. Elles permettent encore d'utiliser, à peu près également pendant tous les mois, les travaux de la main-d'œuvre, et d'en faire une répartition uniforme. Enfin elles ont l'immense avantage, en variant les sources de produits, de ne pas faire dépendre le sort du cultivateur de la réussite d'une seule denrée, et de le placer dans une situation telle qu'il trouve toujours son profit par l'ensemble de ses récoltes, sans être jamais à la merci du cours d'une seule marchandise.

Les prairies occupent une surface relativement faible dans les deux départements. Les cultivateurs alsaciens ont su néanmoins accroître merveilleusement la somme de leurs denrées fourragères ; leur sol et leur climat s'y prêtaient. Immédiatement après la moisson, le chaume du froment et du seigle est retourné par un labour léger ; la terre reçoit, dès ce moment, une demi-fumure ou un arrosage d'engrais liquide et est ensemencée à la volée avec de la graine de navets. La plante ne tarde pas, sous l'influence des pluies estivales et de la température élevée des mois d'août, septembre et octobre, à se développer, et elle fournit [1] pendant une grande partie de l'hiver l'unique nourriture du bétail. Ce sont des milliers d'hectares qui s'ajoutent ainsi annuellement aux prairies : on en compte 20,000 dans le Bas-Rhin ; le Haut-Rhin cultive beaucoup moins le navet en culture dérobée. Cette pratique remar-

____

1. Le rendement moyen est de 20,000 à 25,000 kilogrammes, feuilles et racines comprises.

quable existe depuis fort longtemps en Alsace; elle a probablement passé de cette province dans les Pays-Bas, et c'est de la Hollande que les Anglais ont introduit chez eux cette belle culture de turneps, qui a été l'origine du perfectionnement du bétail dans la Grande-Bretagne et de la prospérité de son agriculture.

L'Alsace n'est pas un pays riche en bétail, c'est même là son côté faible; on élève peu dans cette province.

La race des chevaux est petite et n'offre que peu de ressources au commerce. L'armée y recrute cependant un certain nombre de chevaux de cavalerie légère[1]. Des efforts louables sont faits pour l'amélioration de l'espèce chevaline dans l'arrondissement de Wissembourg. Il est à noter que l'agriculture aurait besoin dans les deux départements rhénans de chevaux plus forts, de juments plus grandes et plus vigoureuses, de façon à réduire le nombre des animaux nécessaires à la charrue.

Le gros bétail est le plus répandu en Alsace; il appartient pour la plus grande partie aux races

---

1. Le nombre des chevaux existant en Alsace d'après la dernière statistique agricole est :

	Bas-Rhin.	Haut-Rhin.
Chevaux et juments au-dessus de 3 ans. . .	43,348	20,271
Poulains et pouliches âgés de moins de 3 ans.	8,860	6,361
Totaux	52,208	26,632

suisses. La population bovine des deux départements ne laisse pas d'être assez considérable[1]. Il n'est même pas peu surprenant de constater, en comparant les statistiques les plus récentes, que, tandis que le Bas-Rhin compte 64 têtes de gros bétail par 100 hectares de terres cultivées et de prairies, et le Haut-Rhin, 53, l'Angleterre n'en a que 38. Mais cette supériorité n'est qu'apparente : tout le gros bétail de l'Angleterre est composé de bêtes de rente (élèves, bœufs à l'engrais et vaches laitières); en Alsace, au contraire, une partie considérable du bétail, le quart peut-être, est employé à donner du travail. Enfin, on peut estimer que deux têtes de bétail, en Angleterre, en valent trois de celles qui existent en Alsace. Mais il y a plus : tandis que l'Angleterre, à côté de son gros bétail, entretient 168 moutons par 100 hectares de terres cultivées et de prairies, le Bas-Rhin n'en a

---

1. *Statistique du gros bétail* (1862).

	Bas-Rhin.
Taureaux, bœufs, bouvillons.	23,679
Vaches et génisses	123,123
Veaux et élèves.	29,684
Total	176,486

	Haut-Rhin.
Taureaux et bœufs	19,739
Vaches.	66,228
Élèves de 1 à 3 ans et veaux	39,971
Total	125,938

que 17, et le Haut-Rhin, 20, et encore ces moutons sont-ils d'un poids moindre que celui des moutons anglais. A quoi tient cette supériorité de nos voisins d'outre-Manche? est-ce à leur système de culture, à leur habileté? Sans doute leur art y est pour quelque chose; mais c'est surtout à leur climat humide, à la nature de leurs terres, à leurs brumes, qu'ils doivent leurs herbages et la possibilité de nourrir de nombreux troupeaux et de les améliorer. L'Alsace n'est pas dans les mêmes conditions, et l'on ne croit pas trop préjuger de l'habileté des agriculteurs alsaciens en prétendant qu'ils eussent, toutes choses égales d'ailleurs, fait tout aussi bien que les Anglais; mais le climat sec et brûlant pendant une grande partie de l'année, la nature légère et perméable des terres n'y favorisent pas la végétation herbacée : le bétail, dans de semblables conditions, ne saurait prospérer. A l'aide des prairies artificielles, les cultivateurs alsaciens ont essayé de suppléer en partie à l'insuffisance de leurs prés, ils ont pris de la sorte possession de la jachère et accru leurs bestiaux; toutefois c'est là une ressource limitée. Par la même raison, ils n'ont pu s'adonner à l'engraissement qui exige des herbages spéciaux, ils se livrent à la production du lait qui est commandée par ces conditions. Mais un vaste programme d'amélioration, comme nous le verrons plus loin, reste à réaliser pour changer cette situation, par le bon emploi des eaux courantes.

Le mouton doit à d'autres causes sa disparition,

car il s'en va tous les ans davantage et la population ovine est devenue très-faible[1]. Il faut l'attribuer au morcellement excessif de la propriété et au développement des cultures intensives et des cultures industrielles. Avec un sol très-divisé, très-cher, le mouton devient d'une garde difficile et d'un entretien coûteux; c'est l'animal des grands parcours, des grandes soles. La vache laitière prend de plus en plus sa place et se multiplie : partout on la rencontre dans les champs, le long des chemins en même temps que dans l'intérieur des fermes.

Le porc[2], l'animal le meilleur et le plus économique des assimilateurs, augmente en nombre et en qualité. L'Alsace livre encore des produits de basse-cour qui font l'objet d'un commerce considérable. Les cultivateurs sont grands consommateurs d'œufs et de volailles; encore ici, est-il à regretter, comme pour la production des fruits, qu'ils ne cherchent pas à utiliser leurs ressources naturelles pour accroître cette branche de revenus. L'Alsace, pour le dévelop-

----

1. La race ovine ne compte plus, dans le Bas-Rhin, que 46,000 têtes, et dans le Haut-Rhin, 50,766.

La statistique publiée en 1840 en indiquait 75,469; celle de 1858, 51,052 pour le premier département.

Dans le Haut-Rhin, la statistique de 1840 mentionne l'existence de 55,455 moutons, et celle de 1858, 57,302.

2. Le nombre des porcs, dans le Bas-Rhin, est de 87,500. La statistique de 1858 n'en indique que 60,222. Dans le Haut-Rhin, le nombre des porcs est de 62,387; la statistique de 1858 n'en portait que 41,256.

pement de ses spéculations animales, suit la même voie que la Saxe, placée comme elle dans des conditions climatériques qui rendent aléatoire la production des graminées : tant il est vrai que les mêmes causes amènent les mêmes effets.

CHAPITRE IV.

LE PRODUIT BRUT DE LA CULTURE.

L'évaluation des produits de l'agriculture d'une contrée présente toujours d'assez sérieuses difficultés. Les documents officiels sont insuffisants, de plus ils ne dégagent pas les données qui seraient nécessaires pour arriver à la connaissance de la vérité. L'agriculture doit être considérée comme une industrie, et la ferme, comme une usine; or, de même qu'on ne compte pour produits d'une manufacture, ni le charbon donné à la machine à vapeur, ni le travail de cette même machine, ni la matière première comme le coton ou la matière colorante servant à faire le fil et les tissus ou à les teindre, de même on ne doit pas compter, pour produits de l'agriculture, le travail des attelages, les denrées consommées par les animaux de la ferme, le fumier, les semences. On ne doit évaluer que les seuls produits livrés à la consommation de l'homme et à celle des animaux qui ne sont pas employés comme producteurs de force pour l'agriculture, ou de lait ou de viande, puisque ces deux dernières denrées, qui figurent aux produits du bétail, ne sont autre chose que des fourrages transformés.

Or, dans ces conditions, c'est bien plus par l'examen attentif des récoltes, de la nature et du poids des bestiaux de rente que l'on rencontre dans la majorité des exploitations rurales du pays, que par les chiffres abstraits de la statistique, qu'il est possible d'arriver à évaluer la production agricole d'une contrée, sans trop s'écarter de la vérité. C'est ainsi que nous avons opéré; et, si les chiffres donnés à ce sujet ne sont pas la vérité absolue, on peut cependant les admettre, attendu qu'ils s'en rapprochent assez pour nous donner pleine confiance dans les comparaisons qui seront faites.

Nous avons vu plus haut quelles étaient la répartition des cultures et la contenance de chacune d'elles; nous avons indiqué les rendements des principales d'entre elles. A l'aide de ces seules données, on trouve que l'agriculture livre annuellement à la consommation de l'homme (produit brut), déduction faite des semences et des denrées consommées par les animaux de la ferme,

Dans le Bas-Rhin :

Froment.	1,100,000 hectol.
Méteil	60,000 —
Seigle	133,000 —
Orge	573,000 —
Maïs	25,000[1] —
Légumineuses.	40,000[2] —

---

1. Le produit brut est de 40,000 hectolitres.
2. Le produit total est de 105,000 hectolitres.

Avoine (vendue par l'agriculture) [1]	72,000	hectol.
Pommes de terre.	3,000,000 [2]	—
Vin.	668,400	—
Graines oléagineuses.	100,000	—
Tabac	9,024,000	kilogr.
Garance	900,000 [3]	—
Houblon.	1,140,000	—
Chanvre et lin (filasse).	7,410,000	—

Le Bas-Rhin livre donc à la consommation annuelle plus de 2 millions d'hectolitres de grains dont la totalité, moins l'avoine, sert à l'alimentation humaine. Cette production annuelle équivaut par tête à 328 litres de grains dont 187 de froment, à 5 hectolitres de pommes de terre et 113 litres de vin.

Dans le Haut-Rhin la production est moins élevée. En voici le tableau :

Froment.	678,000	hectol.
Méteil	134,000	—
Seigle	320,000	—
Orge.	500,000	—
Sarrasin	6,000	—
Maïs.	5,000	—
Légumineuses	22,000	—
Pommes de terre	2,000,000	—
Avoine [4]	»	

---

1. Le produit brut est de 405,000 hectolitres.

2. Le produit total est de 6,206,000 hectolitres.

3. 1,800,000 kilogrammes en deux ans.

4. La production, 300,000 hectolitres environ, est absorbée par les animaux domestiques.

Vin.	890,000 hectol.
Graines oléagineuses.	45,000 —
Tabac	778,000 kilogr.
Chanvre et lin.	2,400,000 —
Houblon.	98,000 —

La production en grains disponible pour la consommation humaine est de 1,165,000 hectolitres équivalant à 220 litres par habitant, dont 127 de froment; la ration par tête, en pommes de terre, est de 377 litres.

Pour évaluer ces produits, on s'est servi du prix moyen des diverses denrées fourni par l'Enquête agricole; et, afin de rester dans des limites convenables pour les comparaisons, le prix des grains a été réduit de 10 p. 100. On trouve alors pour la valeur des produits végétaux dans le Bas-Rhin:

	Blé. 22,000,000ᶠ	
	Méteil 1,000,000	
	Seigle 1,722,000	
	Orge. 6,704,000	
Denrées	Maïs 344,000	
de	Légumineuses. . . 542,000	59,434,000ᶠ
consom-	Avoine. 554,000	
mation.	Pommes de terre. 12,000,000	
	Vin. 13,368,000	
	Foin et paille consommés au dehors des fermes. 1,200,000	

A reporter. 59,434,000

		Report.	59,434,000ᶠ
Cultures indus-trielles.	Graines oléagineu-ses.	2,500,000ᶠ	
	Tabac.	5,865,000	
	Garance	720,000	18,575,000
	Houblon.	3,192,000	
	Chanvre et lin. . .	6,298,000	
Jardins et vergers, au moins.			2,500,000
		Total.	80,509,000

En évaluant à 30 francs par hectare le produit brut annuel des forêts du Bas-Rhin, on restera certainement au-dessous de la vérité[1]: on arrivera cependant de la sorte en nombre rond à une masse de produits végétaux d'une valeur minimum de 85 millions de francs. C'est 186 francs par hectare de la superficie totale du département et 144 francs par habitant. En comparant la valeur des produits agricoles à la surface du territoire qui les fournit (285,000 hectares), on voit qu'elle équivaut à 280 francs par hectare; pour la vigne seule, ce produit est de 1,000 francs; celui des cultures industrielles dépasse encore ce chiffre et monte l'un dans l'autre à près de 1,100 francs par hectare! C'est à ces riches cultures que le Bas-Rhin doit de l'emporter de beaucoup, au point de vue des produits végétaux, sur l'Angleterre et même sur la Saxe.

---

1. Dans l'arrondissement de Saverne, le produit des forêts de l'État et des communes s'est élevé, pour les dix dernières années, à 36 fr. 60 cent. par hectare et par an. On estime que l'accroissement annuel varie de 4 à 6 stères de bois par hectare.

Dans le Haut-Rhin, la production est moins grande ; en voici le détail, en conservant, pour évaluer les denrées, le même prix que pour le Bas-Rhin ; ce mode d'évaluation facilitera nécessairement la comparaison. Au reste, les différences de prix sont aujourd'hui peu sensibles.

Denrées de consommation.	Froment. . . . . . 13,560,000ᶠ Méteil . . . . 2,246,000 Seigle . . . . 4,144,000 Orge. . . . . 5,850,000 Sarrasin. . . . . . 50,000 Maïs. . . . . 69,000 Légumineuses. . . 298,000 Pommes de terre . 8,000,000 Vin. . . . . 17,800,000 Avoine, paille et foin vendus par l'agriculture . . 1,000,000	53,017,000ᶠ
Cultures industrielles.	Graines oléagineuses. . . . . 1,125,000 Tabac . . . . 505,000 Houblon. . . . . . 274,000 Chanvre et lin. . . 2,040,000	3,944,000
Jardins, vergers, oseraies, pépinières, etc. .		2,100,000

Total. 59,061,000

Bois et forêts. 4,124,000

Total des produits végétaux. . . 63,185,000

Le produit est de 153 francs par hectare, terrains cultivés et terrains improductifs compris. Il est de 226 francs par hectare, en déduisant de la surface les bois et les terrains bâtis. Ce produit est de beaucoup inférieur à celui du Bas-Rhin: la moindre importance de la surface consacrée au froment et surtout aux cultures industrielles explique cette infériorité.

Produits animaux.

Pour compléter l'examen qui précède, il reste à estimer la valeur du produit des prairies, des pâturages, etc. Cela conduit à rechercher la valeur de la production des animaux. En faisant les évaluations les plus modérées, on trouve que la valeur totale des produits animaux s'élève par an, dans le Bas-Rhin, à la somme de 27 millions, savoir:

Chevaux . .	2,215 poulains	1,107,000[1]
	3,000 chevaux réformés ou morts	90,000
Gros bétail.	100 millions de litres de lait à 10 centimes (déduction faite du lait consommé par les veaux).	10,000,000
	9,073,000 kilogr. de viande de bœuf, veau et vache	7,347,000
Moutons . .	69,000 kilogrammes de laine lavée	210,000
	300,000 kilogrammes de viande	243,000
	Lait et viande de chèvre	57,000
Porcs. . . .	6,960,000 kilogr.[1] de viande, lard, etc.	6,820,000
	A reporter	25,874,000

---

1. Le chiffre de la statistique indique pour la consommation locale 4 ½ millions de kilogrammes. Le reste doit être exporté.

	Report.	25,874,000^f
Volailles. . .	Œufs, plumes, poulets, etc. . . .	800,000
Abeilles . .	Miel et cire	87,000
Suif	(682,000 kilogrammes) issues et abats, environ	300,000
	Total	27,061,000

Cette production correspond à un produit de 59 francs l'hectare par rapport à la superficie totale du département; en ne comptant que la surface du terrain exploité par l'agriculture, le produit monte au chiffre de 94 francs par hectare.

Le Bas-Rhin devance encore beaucoup le département voisin pour cette branche de produits, comme le prouve le tableau des produits du Haut-Rhin, savoir :

Chevaux . .	1,590 poulains	795,000^f
	1,700 chevaux de réforme . . .	51,000
Gros bétail.	80,552,000 litres de lait	8,055,000
	6,782,000 kilogr. de viande . .	4,709,000
	Suif, abats et issues	200,000
Moutons . .	76,000 kilogrammes de laine lavée	231,000
	324,000 kilogrammes de viande.	256,000
	Produit des chèvres.	145,000
Porcs.	4,325,000 kilogr. de viande, lard, etc.	4,325,000
Volailles. . .	Œufs, plumes, poulets, etc. . . .	555,000
Abeilles . .	Miel et cire	53,000
	Total	19,375,000

C'est un produit de 47 francs par hectare, et de 74 francs, si l'on retranche de la superficie totale les bois et les terrains bâtis, c'est-à-dire si l'on ne compte que la portion de territoire exploitée par l'agriculture et la viticulture.

En récapitulant les chiffres qui précèdent, on constate que la production entière de l'agriculture alsacienne atteint sur un territoire de 866,894 hectares les chiffres de :

Pour les produits végétaux	143,685,000^f
Pour les produits animaux	46,436,000
Total	190,121,000

Le produit par hectare et par département est de :

	Bas-Rhin.	Haut-Rhin.
Produits végétaux	186^f	153^f
Produits animaux	59	47
Totaux	245	200

Le produit moyen par hectare, pour les deux départements, monte à 220 francs.

Ainsi, en résumé, pas de terre inculte, à proprement parler, en Alsace; la jachère n'y existe plus que de nom; et quoique, par suite de sa configuration, de l'existence d'une grande chaîne de montagnes et de la nature de certaines parties de son sol, près des rives du Rhin, l'Alsace soit obligée d'avoir le tiers de sa surface couvert de bois, dont le faible produit abaisse considérablement la moyenne générale, elle ne laisse pas cependant d'obtenir un produit fort élevé.

On peut se demander, dans ces circonstances, quel est le rang qu'occupe l'agriculture alsacienne. En France, il n'y a que les départements les plus industriels du Nord qui puissent être comparés au Bas-Rhin, surtout si l'on tient compte de l'étendue du sol montagneux de ce dernier. Si nous prenons comme terme de comparaison les pays étrangers dont l'agriculture est le mieux étudiée, nous constatons que l'agriculture alsacienne conserve un rang non moins avantageux. Deux contrées se présentent naturellement à l'esprit dans les discussions de cette nature: l'une, l'Angleterre, parce qu'on a l'habitude de lui comparer la France, quoique les conditions climatériques et les conditions de la production agricole y soient bien différentes; l'autre, moins connue, c'est la Saxe. Cette dernière contrée présente, comme l'Alsace, à peu près le tiers de son territoire occupé par des montagnes et des bois; comme celle-ci, elle a en partage un climat continental, très-sec en été et par conséquent défavorable à la production herbacée. Comme l'Alsace encore, la Saxe n'a plus de jachères, plus de landes, et l'assolement triennal, amélioré par l'introduction des racines et des fourrages artificiels, y règne partout; aussi l'agriculture saxonne est-elle considérée à juste titre comme l'une des meilleures et des plus avancées de l'Europe.

La production des Iles-Britanniques est bien connue; elle a été l'objet de discussions savantes. On ne peut guère l'estimer à plus de 77 à 80 francs pour les produits animaux et à plus de 77 francs pour les produits végétaux; c'est, en tout, environ 157 francs.

Quant aux produits livrés par l'agriculture saxonne, ils peuvent être évalués avec précision, grâce aux excellents travaux de statistique publiés par le gouvernement éclairé de ce florissant royaume; et, comme ils n'ont pas été donnés encore, nous allons les détailler aussi brièvement que possible. Les voici :

1° *Produits animaux.*

Chevaux réformés	375,000[f]
617,400,000 litres de lait	52,500,000
Viande de bœuf, vache et veau	25,850,000
Viande de mouton	925,000
Viande de porc.	32,800,000
Laine lavée (372,000 kilogrammes)	2,440,000
Basse-cour	600,000
Peaux, issues, etc.	510,000
Total	116,000,000

C'est 77 francs par hectare.

2° *Produits végétaux.*

Froment, 952,460 quintaux métriques. . .	23,800,000[f]
Seigle, 2,030,952 quintaux métriques . . .	32,464,000
Orge, 754,000 quintaux métriques	11,556,000
Avoine et foin des chevaux non employés par l'agriculture	14,000,000
A reporter.	81,820,000

Report.	81,820,000[f]
Pois , 78,500 quintaux	2,300,000
Colza et lin, 350,000 quintaux	10,500,000
Pommes de terre , 7 millions de quintaux .	28,000,000
Vin , légumes, fruits, tabacs	11,000,000
Bois (à 55 francs par hectare).	29,000,000
Total	162,620,000

C'est 108 francs par hectare.

En réunissant tous ces résultats et en les rapprochant, on a par hectare de superficie :

	Saxe.	Iles-Britanniques.	Bas-Rhin.	Haut-Rhin.
Produits végétaux . . .	108[f]	77[f]	186[f]	153[f]
Produits animaux . . .	77	80	59	47
Totaux.	185	157	245	200

Un grand fait ressort de la comparaison de ces chiffres : les pays à climat continental et sec où la culture est et doit être forcément granifère, la Saxe et l'Alsace, donnent un produit plus considérable que les Iles-Britanniques dont le climat maritime favorise l'agriculture pastorale et la production de la viande !..

Pour les produits végétaux, les départements alsaciens l'emportent tous deux à la fois sur l'Angleterre et sur la Saxe ; ils doivent cette supériorité à l'existence d'un vignoble très-productif et à l'étendue des cultures industrielles. La Saxe et les Iles-Britanniques n'ont en effet qu'une fraction insignifiante de leur territoire occupée par de riches cultures industrielles[1], l'Angleterre a à peine un millième de sa surface en houblon. La Saxe possède, à la vérité, quelques vignes, mais leur contenance forme une portion minime de la surface du royaume; elle ne dépasse pas 0.11 p. 100. Les cultures de tabac et de houblon y sont demeurées excessivement restreintes; celles du colza et du lin, les plus importantes, atteignent le chiffre de 2 p. 100. En Alsace, au contraire, les cultures industrielles à riche rendement et la vigne comptent pour plus de 4 p. 100 dans la superficie totale du département du Haut-Rhin, et pour près de 7 p. 100 dans celui du Bas-Rhin. Si la production granifère était seule mise en comparaison, les rapports changeraient, le Bas-Rhin et la Saxe conserveraient encore leur supériorité vis-à-vis de l'Angleterre; car, si le rendement par hectare des céréales

---

1. *Répartition des cultures par rapport à* 100 *hectares de terrain exploité par l'agriculture.*

	SAXE.	ILES-BRITANNIQUES.	BAS-RHIN.	HAUT-RHIN.
Grains.	47ʰ26ᵃ	32ʰ40ᵃ	43ʰ60ᵃ	42ʰ31ᵃ
Racines et fourrages	10 50	12 40	14 54	13 88
Colza, choux et lin.	3 00	0 10	6 40	2 01
Tabac, houblon.	0 11			
Prairies artificielles	13 30	12 90	6 24	6 32
Prairies naturelles	19 96	38 90	21 54	23 88
Jardins et vergers.	4 25	Non donné.	2 78	2 44
Vignes.	0 12	»	4 90	4 97
Divers.	1 10	»	»	»
Jachères.	0 40	3 30	»	4 19
Totaux. . . .	100 00	100 00	100 00	100 00

est sensiblement égal dans les trois pays, il n'en est pas de même des surfaces qui leur sont consacrées; elle est en effet de 47 p. 100 de la surface cultivée en Saxe, de 43 p. 100 en Alsace, et de 32.40 dans la Grande-Bretagne. Il en résulte que la Saxe produit beaucoup plus de grain que la Grande-Bretagne et l'Alsace; elle en produit de 5 à 6 p. 100 de plus que cette province et 15 à 20 p. 100 de plus que la Grande-Bretagne. Mais le Bas-Rhin l'emporte sur la Saxe, quand on envisage le produit argent; car, bien que celle-ci ait 4 p. 100 de plus de sa surface cultivée en céréales que le Bas-Rhin, la différence est plus qu'atténuée par la nature des céréales cultivées de part et d'autre; dans le Bas-Rhin, le seigle et le sarrasin ont disparu; on n'y cultive plus que du froment et de l'orge, tandis qu'en Saxe, le seigle occupe encore le quart de la surface arable et le froment seulement le dixième[1]. Mais, pour le Haut-Rhin,

1. *Proportions relatives des principales cultures par rapport à la surface arable.*

	SAXE.	BAS-RHIN.	HAUT-RHIN.
Froment.	10 p. 100	31.9 p. 100, dont 1 ¹/₂ de méteil.	26 p. 100, dont 4 ¹/₂ de méteil.
Seigle (A)	24 —	4.0 p. 100.	11.1 p. 100.
Orge	8 —	13.3 —	14.3 —
Avoine.	16 —	5.6 —	6.1 —
Pois, féveroles	3 —	3.0 —	1.0 —
Pommes de terre.	10 —	17.4 —	14.2 —

(A) La prédominance du seigle en Saxe tient aux conditions du marché, qui réclame surtout cette céréale, dont le pain est préféré par les Allemands à celui de froment.

il n'en est plus de même : la supériorité des rendements d'une part, et de l'autre l'importance qu'ont encore les céréales de deuxième ordre, placent ce département après la Saxe et au niveau de la Grande-Bretagne pour la production du grain.

En ce qui concerne les produits animaux, la Grande-Bretagne reprend le dessus, la Saxe la suit de très-près, il est vrai, mais par des produits différents; dans la Grande-Bretagne, c'est la viande du gros bétail qui forme le produit principal des animaux; en Saxe, les aptitudes du sol, les conditions climatériques n'ont pas permis aux cultivateurs de faire aussi avantageusement l'engraissement du bœuf et du mouton ; c'est par le lait et par la viande de porc que ce petit pays est arrivé presque au chiffre du produit des Iles-Britanniques. La Saxe montre à nos départements rhénans tout ce qu'ils ont à faire à ce point de vue et les progrès qu'ils ont à accomplir, car l'infériorité de l'Alsace par rapport à la Saxe est très-réelle et rien ne saurait la justifier. C'est par les mêmes moyens, c'est-à-dire en développant la production laitière et en multipliant et améliorant l'animal assimilateur par excellence, l'animal de la petite culture, le porc, qu'elle arrivera à faire disparaître cette infériorité.

Si, au lieu de prendre la Grande-Bretagne tout entière comme terme de comparaison, nous prenons la portion de cette contrée la plus productive, la plus renommée, l'Angleterre, nous constaterons que l'Alsace maintient encore sur elle sa supériorité et pour les mêmes causes: car le produit brut par hectare de l'Angleterre ne dépasse pas 220 francs; ses denrées animales l'emportent, de beaucoup même, en quantité et en valeur; mais ses produits végétaux n'atteignent pas à beaucoup près ceux des deux départements rhénans et de la Saxe. Et cependant l'égalité des conditions n'existe plus: l'Angleterre, si l'on en sépare le pays de Galles, n'a plus que des terres cultivées ou de riches herbages, tandis que la Saxe et l'Alsace ont le tiers de leur territoire occupé par des forêts, parce qu'on n'y peut faire autre chose. Le désavantage de l'Angleterre se comprend aisément, puisqu'avec des rendements sensiblement égaux elle n'a que 33.2 p. 100[1] de son terrain agricole consacrés à la production des grains, alors que l'Alsace en a 43.5 et la Saxe 47.25.

Si les faits ainsi déduits sont exacts, si le produit des terres est plus élevé en Alsace qu'en Saxe, et dans ce dernier pays plus qu'en Angleterre, il doit forcément s'ensuivre que la valeur des terres, ainsi

---

1. *Proportion pour* 100 *des diverses cultures de l'Angleterre.*
(Statistique de 1866.)

Grains	33.2
Racines et fourrages	12.4
Houblon et divers.	0.3
Jachère	3.4
Prairies artificielles.	10.3
Prairies naturelles	40.4
Total	100.0

que le prix de leur loyer, est plus considérable en Alsace qu'en Saxe, et en Saxe qu'en Angleterre. C'est en effet ce qui existe.

Dans le Bas-Rhin, la moyenne des prix de tout le département monte à 3,360 francs l'hectare pour les terres arables; les évaluations les plus modérées la portent à plus de 2,800 francs[1]. Pour les prairies, les prix varient depuis 1,200 francs jusqu'à 12,000 francs; la moyenne est de 3,500 francs au moins. Elle dépasse 4,000 francs pour les vignes, leur valeur étant comprise entre 15,000 francs et 3,000 francs.

Dans le Haut-Rhin, la moyenne des terres est un peu moins élevée : elle est de 2,300 à 2,500 francs[2]; les terrains de première qualité y atteignent 5,000 francs l'hectare. Mais les vignes et les prairies ont au moins autant de valeur dans le Haut-Rhin que dans

---

1. *Valeur vénale des terres en 1866, d'après le tableau fourni par M. le directeur de l'enregistrement, des domaines et du timbre, à Strasbourg.*

Par hectare.

Arrondissement de Strasbourg	4,196 f
— de Schlestadt.	3,322
— de Wissembourg	3,282
— de Saverne	2,600

2. *Valeur moyenne des terres par hectare dans le départe-ment du Haut-Rhin en 1865.*

	Terres.	Prés.	Vignes.
Arrondissement de Belfort . .	1,740 f	2,585 f	3,397 f
— de Colmar . .	3,012	4,615	7,857
— de Mulhouse .	2,005	3,820	4,460

(Tableau fourni par M. le directeur de l'enregistrement, des domaines et du timbre de Colmar.)

le Bas-Rhin; beaucoup d'entre elles y sont même cotées à un prix supérieur. Tout le vignoble du canton de Ribeauvillé, par exemple, n'est pas estimé à moins de 12,500 francs l'hectare; dans les vallées, les bonnes prairies valent jusqu'à 10,000 francs. Au reste, dans une contrée comme l'Alsace, où les cultures et le sol sont extrêmement variés, la valeur de la terre n'est pas uniforme. Les premières qualités des terres arables, quand elles ne sont pas très-éloignées des villes, atteignent des prix de 10 et 12,000 francs l'hectare; celles de qualité de sol pareille, mais dans une situation un peu plus excentrique, où les transactions sont plus ou moins actives, valent encore de 5 à 8,000 francs; il y a même des sables qui ont acquis une valeur considérable par suite de l'extension des cultures industrielles, et surtout du houblon; tel est le cas des sables de Haguenau, de Bischwiller et de Hœrdt.

Les prix de location sont aussi variés que la valeur des fonds : ils sont en général de 2 ½ à 3 ½ p. 100 de la valeur foncière du terrain. Le prix moyen du fermage, dans l'arrondissement de Schlestadt, est de 134 francs par hectare, et de 123 francs dans l'arrondissement de Strasbourg; dans celui de Wissembourg, il est de 100 francs; les terres de l'arrondissement de Saverne, qui se louent le moins cher, arrivent encore au chiffre de 77 francs; quant aux prés, ils valent en location 300 francs et même 400 francs par hectare dans les meilleurs districts.

En Saxe, la moyenne de la valeur foncière est de 2,000 à 2,300 francs l'hectare ; dans la Grande-Bretagne, le prix des terres ne doit pas dépasser 1,800 francs l'un dans l'autre, et, en Angleterre, cela ne monte pas certainement à plus de 2,300 francs. Une circonstance toutefois favorise considérablement l'élévation du prix des terrains en Alsace : c'est l'amour de la propriété, qui existe dans toutes les classes de la société de cette province, amour qui crée une grande concurrence d'acheteurs dès qu'il y a une parcelle de terre à vendre. Mais cette cause, en amenant la division du sol, favorise la production agricole beaucoup plus que ne ferait une grande culture comme celle des Iles-Britanniques, puisqu'elle conduit au développement des plantes industrielles et du vignoble ; et, la part étant faite de cet amour de la propriété, la valeur moyenne des terres, par suite de l'existence d'un vignoble très-productif, de la culture de plantes industrielles très-riches et de rendements en grains égaux, n'en reste pas moins, en Alsace, supérieure à celle des pays que nous lui avons comparés. Les conclusions déduites plus haut conservent donc toute leur force.

Population. — Il existe d'ailleurs un moyen simple et facile de contrôler l'importance de la production agricole d'une contrée : c'est de rechercher le nombre d'individus nourris par l'agriculture ; car l'intensité de la production, qu'il ne faut confondre ni avec la valeur de la production, ni avec la richesse absolue du pays, est proportionnelle à la somme des denrées de première nécessité qu'elle fournit, c'est-à-dire à la densité de la population qu'elle entretient.

D'après les recensements dont les résultats viennent de paraître au *Moniteur universel*, l'Alsace compte une population de 1,119,255 âmes, savoir :

		Habitants.
Pour le Bas-Rhin.	. . . .	588,970
Pour le Haut-Rhin	. . . .	530,285

Les documents les plus récents fournissent, pour les pays étrangers, les chiffres suivants :

		Habitants.
Iles-Britanniques (cens de 1861).	. . . .	29,070,932
Angleterre seule (non compris le pays de Galles)	. . . .	18,954,444
Saxe.	. . . .	2,343,994

Ce qui donne pour la population spécifique, c'est-à-dire pour le nombre d'habitants par 100 hectares de la superficie totale :

		Habit.
Bas-Rhin	. . . .	130
Haut-Rhin.	. . . .	129
Saxe royale	. . . .	157
Iles-Britanniques	. . . .	92
Angleterre (seule).	. . . .	143

La Saxe occupe le premier rang : c'est elle qui produit la plus grande quantité de grains, en consacrant à la production des céréales la surface la plus considérable, et elle livre à la consommation publique sensiblement autant de denrées animales que la Grande-Bretagne; le Bas-Rhin vient ensuite, et il est suivi de très-près par le Haut-Rhin; l'Angleterre possède une population spécifique plus grande que l'Alsace et presque aussi grande que la Saxe. Ces faits ne sont nullement en contradiction avec les résultats constatés plus haut. Ce n'est pas, en effet, l'agriculture anglaise qui, seule, nourrit ses 19 millions d'habitants : il suffit de jeter les yeux sur le tableau des importations et des exportations de ce royaume pour s'en convaincre. Toute l'Europe contribue à alimenter la population industrielle de l'Angleterre; sans la production étrangère, et si elle n'avait que les produits de son sol, cette population serait condamnée à mourir de faim! Robert Peel l'a bien compris quand il a appelé sur les marchés de la Grande-Bretagne tous les pays voisins en concurrence avec les fermiers anglais, et cette importation, qu'on le remarque bien, n'est pas de peu d'importance [1] : elle

---

1.   *Importations, déduction faite des réexportations.*

(1864, avant l'invasion de la peste typhoïde.)

Produits animaux.

Bœufs, taureaux et vaches. . . . (Nombre.)	179,507
Veaux.	52,227
Moutons et agneaux.	496,243
Porcs	85,362
Bœuf et porc salés. . (Quintaux métriques.)	236,101
Lard et jambon	508,974
Beurre	501,376
Fromages.	405,525
OEufs. . . . . (Nombre.)	335,298,240

apporte à l'Angleterre au moins 130 millions de kilogrammes de viande, 90 millions de kilogrammes de beurre et fromage, 37 millions de kilogrammes de pommes de terre, et la farine et le froment suffisant à la confection de 1 milliard et demi de kilogrammes de pain. C'est 6 ou 7 millions d'Anglais au moins qui sont nourris à l'aide des denrées tirées du dehors. Dans ces conditions, la population spécifique, réellement nourrie par l'agriculture anglaise, ne doit pas dépasser le chiffre de 107 à 108 habitants par 100 hectares.

Ainsi l'Angleterre, malgré ses immenses prairies, malgré sa culture améliorante, non-seulement ne peut soutenir sa production et maintenir la fertilité de son sol sans apporter des régions les plus éloignées d'immenses quantités d'engrais, mais elle nourrit encore moins de population que la Saxe et que l'Alsace!... Qu'on ne croie pas d'ailleurs que les populations de

Grains.

Froment. . . . . . . (Quintaux métriques.)	11,783,234
Orge	2,499,904
Avoine	2,825,816
Pois.	565,920
Fèves	461,881
Maïs.	3,193,067
Farine de froment.	2,292,159
Farine de maïs	2,045
Pommes de terre	377,108

Liquides.

Vin rouge. . . . . (Hectolitres.)	236,343
Vin blanc	367,531

ces deux derniers pays soient moins bien nourries;
car; pour expliquer l'importation anglaise, on pourrait objecter que la population de la Grande-Bretagne
est mieux alimentée, vit mieux qu'ailleurs. Il suffit
de connaître ces pays, de les avoir visités, de les avoir
habités surtout, pour se convaincre que, si l'avantage
doit être quelque part au point de vue du bien-être
et de l'alimentation des populations, il ne faut pas
trop se hâter de l'attribuer à l'Angleterre. On ne
trouve ni en Saxe ni en Alsace, pas plus dans les
villes que dans les campagnes, ces misères navrantes
que l'on rencontre à chaque pas dans les centres
manufacturiers de la Grande-Bretagne. Quelle différence d'existence entre cette population ouvrière de
Mulhouse, de Colmar, etc., presque toute propriétaire ou qui peut le devenir, avec celle de Man-
chester, de Leeds, de Glasgow, de Newcastle, de
Londres!...

Ces résultats ont une haute signification; ils prouvent bien nettement ce qui a été avancé au début de
ce chapitre, à savoir que la supériorité agricole d'une
contrée ne dépend pas d'une manière absolue de la
proportion de ses cultures fourragères, dites améliorantes, par rapport aux cultures granifères. On a encore confondu l'effet avec la cause, on a tiré d'un
fait local un système général; ce qui était vrai et bon
pour un lieu, on en a fait le vrai absolu!... Un seul
fait général domine toutes les méthodes, tous les
assolements; c'est, on ne saurait trop le répéter, l'ap-

port dans les fermes de masses d'engrais de plus en plus considérables à mesure que l'agriculture devient plus productive, et, par suite, plus épuisante.

La marque véritable du mérite des agriculteurs anglais consiste dans les prodigieux efforts qu'ils ont faits pour développer les cultures les plus appropriées à leur climat, à leur sol; c'est le drainage de toutes les terres humides pour les mettre dans les meilleures conditions possibles; c'est l'emploi d'un matériel perfectionné pour diminuer les frais de production; ce sont, pour accroître le rendement des terres, les importations incessantes de matières fertilisantes du dehors, tout en laissant cependant se perdre à la mer, et c'est là une bien grosse tache au tableau, des masses incalculables d'engrais!... Les Saxons ont au moins égalé les Anglais en efforts et en travaux d'amélioration, et les résultats obtenus ont dépassé ceux que la brumeuse Angleterre a pu réaliser : ce sont ces efforts, c'est cette énergique persévérance à rechercher le mieux qu'il faut imiter, et non les méthodes de cultures ou les assolements. L'Alsace peut faire mieux à ce dernier point de vue que l'Angleterre, grâce à son sol, à son climat et à ces chaudes haleines, que le vent saharien lui apporte au printemps et à l'automne, et qui permettent, sur une grande échelle, la culture de la vigne avec celle des plantes industrielles les plus précieuses. Elle s'en trouve bien, puisqu'elle est arrivée à dépasser l'Angleterre et la Saxe pour la valeur de sa production brute; mais a-t-elle fait les mêmes efforts que l'Angleterre et la Saxe? a-t-elle réalisé les mêmes améliorations?

L'agriculture alsacienne n'est pas restée stationnaire; elle a effectué de réels progrès : tous les faits observés le prouvent, ainsi que la comparaison des statistiques faites dans les trente dernières années. Les dépositions écrites et orales indiquent une amélioration notable dans le bien-être général des populations, tout comme dans l'instruction. Quelques personnes prétendent cependant que ces progrès se sont arrêtés depuis deux ou trois ans, et signalent comme un indice de ce fait la baisse qu'aurait subie la valeur des terres dans les deux dernières années. Mais cette baisse, en admettant qu'elle existe, n'est-elle pas due à l'agitation qui s'est produite et qui a motivé l'Enquête agricole? Est-il surprenant que les acheteurs en aient profité? A force de parler de crise, de dépréciations, on finit par y croire; de là une perturbation toute factice dans les conditions de la vente. D'un autre côté, n'en est-il pas du prix des terres comme de celui de toutes les marchandises, et n'y a-t-il pas, d'une année à l'autre, des oscillations qui tiennent aux causes accidentelles qui agissent sur le marché sans qu'on puisse inférer de cela que la tendance générale à la hausse, signalée de la façon la plus péremptoire par les observations d'une longue série d'années, se soit transformée brusquement en baisse? C'est comme si, de ce que le blé monte en ce moment, on voulait en conclure que c'en est fini de la baisse à tout jamais. Le fait vrai, réel, parfaitement accentué, c'est que, depuis 1789, la valeur foncière a augmenté assez régulièrement d'année en année, tout en subissant parfois des perturbations momentanées. Ce mouvement ascensionnel du prix des terres est causé par l'augmentation de la population, par la division du sol, par l'amélioration des cultures et par l'aisance des cultivateurs qui leur a permis d'acheter de la terre.

Les progrès de la culture n'ont pas été moins considérables. Ils deviennent très-saillants, si l'on rapproche entre eux les éléments fournis par les statistiques publiées en 1840 et en 1860 et ceux qui ont été révélés par l'Enquête agricole.

Ainsi, la statistique de 1840 indiquait l'existence de 16,468 hectares en jachère, en 1838, pour le Bas-Rhin.

Celle de 1860 en portait 7,953 dans l'année 1852.

D'après l'Enquête, en 1866, il n'y en a plus.

Dans le Haut-Rhin, la jachère comprenait : en 1838, 21,680 hectares ; en 1852, 17,407 hectares ; en 1866, elle n'occupe plus que 10,880 hectares.

La diminution se fait régulièrement et indique, par conséquent, un progrès soutenu pendant cette période de 28 ans.

Quant à la répartition des cultures, elle nous montre des améliorations non moins significatives ; si l'on rapproche, en effet, les étendues relatives des diverses cultures, on trouve, pour les surfaces consacrées à chacune d'elles :

1° Dans le Bas-Rhin :

	1838.	1852.	1866.
	Hectares.	Hectares.	Hectares.
Production des grains. . .	100,060	113,403	118,913
Racines et plantes potagères	37,900	39,289	42,000
Cultures industrielles. . .	15,911	15,070	17,450
Prairies naturelles et artificielles et vergers . .	68,380	77,121	80,964

2° Dans le Haut-Rhin :

	1838.	1852.	1866.
Production des grains. . .	90,293	96,161	100,294
Racines et plantes potagères	19,591	23,574	29,146
Cultures industrielles. . .	1,143	4,623	4,775
Prairies naturelles et artificielles et vergers . . .	65,821	73,510	76,482

L'examen de ces chiffres, seul, en dit plus que tous les raisonnements. Ils démontrent jusqu'à l'évidence combien le progrès de l'agriculture alsacienne est régulier, soutenu : c'est le trait le plus certain d'une culture prospère. Si l'on pousse plus loin l'analyse des données que nous possédons, on constate que cette régularité remarquable de progrès se soutient dans les détails aussi bien que dans l'ensemble de l'organisation culturale, et qu'en même temps que chaque nature de production gagnait en étendue, elle gagnait encore en qualité; et, en effet, dans la surface consacrée au grain, ce sont les céréales les plus importantes, c'est le froment, c'est l'orge qui ont surtout pris de l'extension, tandis que le seigle et le sarrasin ont diminué. Dans le Bas-Rhin, le froment occupait, en 1838, 51,000 hectares, et le seigle 10,500 ; en 1852, la première de ces céréales en couvre 56,700 et le seigle 8,400 ; en 1866, le froment arrive à 60,200 hectares et le seigle est réduit à 7,800 hectares. Le froment a donc augmenté de près de 18 p. 100 en surface, tandis que, pendant la même période de temps, le seigle a perdu plus de 25 p. 100 de la superficie qu'il embrassait en 1838. Pour le sarrasin, la diminution est encore plus considérable, puisque sa surface, qui était de 744 hectares en 1838, se réduit à moitié en 1852, et qu'il n'y a plus que 4 hectares en 1866.

L'orge a augmenté, mais un peu moins que le froment ; l'accroissement a été de 4 p. 100 pendant chacune des deux périodes. La tendance, toutefois, est très-favorable à l'extension de cette sorte de céréale depuis les prix élevés donnés par les brasseurs. L'avoine a plus gagné que l'orge dans les vingt-huit dernières années ; elle a doublé en étendue depuis 1838.

Quant à la pomme de terre, un instant considérablement réduite par suite de la maladie qui est venue la frapper après 1840, elle a repris son importance passée ; son étendue a même augmenté, puisqu'elle n'occupe pas moins de 34,000 hectares aujourd'hui ; elle en couvrait 31,377 en 1838.

Dans les cultures industrielles, ce sont également les plus riches d'entre elles qui se sont le plus développées. Si le colza et la garance ont un peu perdu en étendue par suite des exigences en main-d'œuvre de ces cultures [1] et du faible rendement du colza, les houblonnières ont presque quadruplé d'importance pendant chaque période de quatorze ans.

Le tabac, de 1,882 hectares qu'il occupait en 1838, arrivait à 3,000 hectares environ en 1852, et il atteint 4,800 hectares en 1866; et si l'on donnait satisfaction aux planteurs, nul doute que cette culture ne prît, au lieu de rester stationnaire en ce moment, un bien plus grand développement.

Enfin, il y a eu également progression dans la surface consacrée aux prairies naturelles et artificielles et aux vergers, puisque leur étendue était, en 1838, de 68,380 hectares; en 1852, de 77,121 hectares; en 1866, de 80,964 hectares.

Dans le département du Haut-Rhin, les mêmes progrès, à peu de chose près, se sont produits pour les prairies, les cultures industrielles et les racines. En ce qui regarde la production des grains, ils ont

---

1.   *Surfaces occupées par les cultures industrielles du Bas-Rhin.*

	1838. Hectares.	1852. Hectares.	1866. Hectares.
Plantes oléagineuses.	7,820	6,777	6,500
Plantes textiles	5,263	4,083	3,900
Tabac	1,882	3,751	4,800
Garance	727		600
Houblon	119	460	1,200
Chicorée, moutarde, divers, etc.	»	»	450

été moins grands : ainsi les céréales de premier ordre n'ont pas pris, au détriment du seigle et du sarrasin, la même extension. Si le froment, méteil compris, a augmenté, depuis 1838, de 15 p. 100, l'orge et l'avoine n'ont pas varié sensiblement. Cependant tout porte à croire que l'orge y occupe aujourd'hui plus d'étendue qu'en 1852, en raison du prix élevé de cette sorte de céréales; quant au seigle, il a augmenté en étendue par suite de la mise en culture d'une certaine surface de terrain propre à cette plante. Néanmoins, pour l'ensemble des cultures, le progrès est manifeste dans le Haut-Rhin; et, s'il n'est pas aussi considérable qu'il aurait pu l'être, cela tient toujours à cette même cause qui a déjà été signalée.

L'extension des cultures et, dans les cultures, l'accroissement de celles qui donnent les produits les plus élevés et les plus recherchés, ne représentent pas les seuls progrès accomplis par l'agriculture alsacienne; l'amélioration a été au delà. Il y a eu une augmentation marquée dans le rendement par hectare de chaque culture dans l'un comme dans l'autre département : ainsi le froment et le seigle aujourd'hui, dans le Bas-Rhin, rendent en moyenne 11 à 12 p. 100 de plus par hectare qu'en 1852, et 16 p. 100 de plus qu'en 1838. L'augmentation du produit moyen de l'orge est encore plus élevée, puisqu'elle atteint le chiffre de 31 p. 100 par rapport à 1838. Pour l'avoine, l'accroissement, quoique moindre, est encore de 10 p. 100. Les cultures industrielles, mieux soignées,

mieux cultivées, mieux fumées, donnent aussi beaucoup plus de produits qu'il y a douze ou quinze ans.
(Voir le tableau de la page 92.)

Enfin, comme corollaire et comme résultante de
ces améliorations, disons que toutes les dépositions
s'accordent à évaluer à 30 ou 35 p. 100 au moins
l'augmentation de la valeur et du prix du loyer des
terres arables et des prairies, pendant les trente dernières années ; la Commission départementale du
Bas-Rhin l'a même porté à 45 p. 100[1]. C'est en effet
l'accroissement correspondant à la somme du progrès
de la culture et du rendement des terres constaté plus
haut.

De tels résultats indiquent certainement une agri-

---

1.   *Valeur vénale par hectare des terres arables.*

Département du Bas-Rhin.

	En 1836.	En 1856.	En 1866.
Arrondissement de Strasbourg.	2,969ᶠ	3,631ᶠ	4,196ᶠ
— de Saverne	2,079	2,182	2,600
— de Schlestadt	2,860	3,284	3,322
— de Wissembourg	2,310	2,661	3,282

Département du Haut-Rhin.

	A la fin du siècle dernier.	En 1850.	En 1865.
Arrondissement de Belfort.	1,220ᶠ	1,650ᶠ	1,740ᶠ
— de Colmar.	1,543	2,515	3,012
— de Mulhouse.	940	1,418	2,005

Pour les prés, la progression est encore plus forte.

(Tableaux de MM. les directeurs de l'enregistrement, des domaines et du timbre des deux départements.)

Rendement des cultures par hectare.

	BAS-RHIN.			HAUT-RHIN.		
	1838.	1852.	1866 (c).	1838.	1852.	1866 (d).
Froment. . . . . . . (Hectol.)	17 79	18 64	21 00	15 79	17 37	20 00
Méteil. . . . . (*Id.*)	16 85	18 87	19 00	14 90	16 00	»
Seigle . . . . (*Id.*)	16 53	17 00	20 00	12 81	10 34	20 00
Orge. . . . . (*Id.*)	21 74	24 66	29 00	15 72	18 51	27 00
Avoine. . . . . (*Id.*)	28 74	28 00	31 00	17 18	23 05	30 00
Pommes de terre . . (*Id.*)	131 00(a)	104 00(b)	182 00	137 00	98 00	120 00
Pois, haricots. . . . (*Id.*)	15 22	19 06	20 00	10 00	12 33	14 00
Prairies naturelles. . (Kilogr.)	2,282 00	3,200 00	3,500 00	2,786 00	3,400 00	4,000 00(e)
Prairies artificielles. (*Id.*)	4,000 00	5,000 00	6,000 00	3,391 00	3,837 00	5,000 00
Colza . . . . (Hectol.)	13 10	11 29	16 00	8 23	9 00	15 00
Houblon. . . . . . . (Kilogr.)	653 00	782 00	950 00	»	1,000 00	1,000 00
Tabac . . . . (*Id.*)	1,666 00	Non indiqué.	1,880 00	»	Non indiqué.	2,000 00

(a) La statistique porte 231 hectolitres ; il y a certainement une erreur de chiffres.
(b) Époque où la maladie de la pomme de terre sévissait.
(c) Commission départementale d'enquête.
(d) Questionnaire de la Société d'agriculture du Haut-Rhin.

(e) Évaluation d'après les dépositions ; le Questionnaire départemental porte à 6,000 kilogrammes le rendement par hectare des prairies sèches, et à 9,000 kilogrammes celui des prairies irriguées.

culture prospère ils font honneur à l'intelligence et
à l'habileté des cultivateurs alsaciens; car ce n'est pas
tout d'avoir un bon sol et un climat favorable, il faut
savoir en tirer le meilleur parti possible. Sans doute
les agriculteurs de l'Alsace n'ont pas exécuté ces
grands travaux de drainage qui ont été en Angleterre
un puissant moyen d'amélioration; mais, s'ils ne les
ont pas faits, c'est que la nature du sol et la perméabilité des couches sous-jacentes ne demandaient nullement cette dépense. Les Alsaciens n'ont pas accu-
mulé dans leurs fermes ce luxe de machines, d'appareils
compliqués de culture qu'on rencontre en Angleterre,
plus souvent, il est vrai, remisés sous les hangars
qu'utilisés dans les champs; c'est encore parce que
le besoin ne s'en est pas fait sentir comme dans la
Grande-Bretagne. L'agriculture alsacienne a d'ailleurs,
elle aussi, ses beautés et sa coquetterie : ce sont les
recherches de ses cultures; c'est cette exquise propreté
qu'on trouve dans les villages, dans toutes les habitations rurales; c'est l'aspect à la fois gai et imposant
des bâtiments d'exploitation avec leurs balcons en bois
découpé, leurs vastes toitures à pans coupés, leurs
pignons élancés; c'est enfin cette aisance, cette am-
pleur d'existence, ce calme et cette placidité qui se
reflètent sur tous les visages. Cependant, hâtons-nous
de le dire, une vaste carrière reste ouverte devant
l'agriculture alsacienne; les produits moyens sont
encore loin de ceux que réalisent les agronomes qui
dirigent son mouvement; ses rendements en céréales

laissent surtout beaucoup à désirer. Quelle différence avec les résultats de la belle culture du nord de la France ; l'Alsace n'a plus assez de phosphate de chaux dans ses terres, plus assez de potasse; qu'elle augmente ses engrais, qu'elle apporte dans ses champs de la poudre d'os, du salpêtre et des tourteaux en abondance, et son infériorité disparaîtra. Mais, avant d'aborder en détail la question des améliorations qui sont à effectuer, il convient de rechercher quel est le produit net de la culture; par conséquent, quels sont les frais de production et comment se répartit le produit brut.

CHAPITRE V.

PRODUIT NET ET FRAIS DE PRODUCTION.

Si l'évaluation du produit brut est difficile à dégager des données multiples de la statistique générale, l'étude des frais de production et du prix de revient des denrées fournies par l'agriculture n'offre pas moins d'embarras. Il suffit de jeter les yeux sur les chiffres fournis par les Questionnaires de l'Enquête agricole pour voir combien sont grandes les divergences à cet égard, combien varient entre eux, dans la même localité, dans les mêmes conditions, les prix affectés aux mêmes opérations, aux mêmes objets; ainsi, tels travaux, comme les labours, les hersages et les semailles, sont cotés à des prix qui diffèrent du simple au double et au triple. On est tout aussi peu d'accord quant à l'évaluation du fumier et des denrées qui, comme le foin et la paille, sont consommées par les bestiaux de la ferme. Chacun compte à sa manière : aussi les prix de revient de chaque produit indiqués par les uns et les autres sont-ils très-divers. Pour le froment, par exemple, on assigne comme prix de revient depuis 11 et 12 francs par hectolitre jusqu'à 18, 20 et même 25 francs. Il naît de là une regrettable confusion dans les comptes de culture et une grande obscurité sur les opérations agricoles, qui ne sont pas sans influence sur ceux qui cherchent dans l'exploitation d'un domaine rural une occupation à leur intelligence et un emploi à leurs capitaux. Cette incertitude fâcheuse, véritable épouvantail des débutants, subsistera, tant qu'on n'écartera pas du problème tous les éléments indéterminés, tant que, voulant trouver le prix de revient absolu de chaque nature de produits, on fixera arbitrairement un prix à toute chose, tant qu'on confondra même des parties du capital engagé avec les frais annuels d'exploitation. On doit à la vérité de dire que les systèmes de comptabilité agricole mal interprétés n'ont pas peu contribué à propager les erreurs qui règnent à cet égard. Au lieu de s'en servir comme d'un flambeau, comme d'un moyen propre à éclairer la marche du cultivateur, on a voulu voir, dans les résultats de la comptabilité-matière, l'image de la vérité absolue; on a voulu leur donner une signification qu'ils ne pouvaient avoir.

Le but de l'exploitation raisonnée d'un domaine rural est, nous le répétons, d'en tirer constamment le revenu le plus élevé possible dans les conditions où il se trouve, tout en lui conservant sa fertilité, ou même en l'augmentant d'année en année. Si, pour obtenir ce résultat, il ne fallait qu'une seule culture, le compte du produit net et le prix de revient de la denrée récoltée seraient faciles à établir, puisqu'il suffirait, d'une part, pour avoir les frais de production, d'ajouter, au loyer de la terre et des bâtiments, à l'intérêt du capital d'exploitation, les dépenses faites en salaires, les frais d'entretien des bâtiments, des animaux, du matériel, les assurances et les impôts, et, de l'autre, de faire le total des sommes encaissées successivement par suite de la vente du produit unique de la récolte; mais ce cas est simple et se rencontre exceptionnellement. On produit et l'on vend en général dans une ferme différentes natures de denrées; on y entretient des chevaux, des vaches, des moutons, des bœufs, des porcs, pour avoir, non-seulement du travail ou du fumier, mais encore de la viande, du lait et de la laine; les céréales, les racines et les plantes industrielles fournissent des produits tout aussi variés. Quelle que soit cependant la multiplicité des denrées obtenues, toutes les spéculations n'en ont pas moins un lien entre elles; toutes les cultures concourent à servir les intérêts de l'exploitant; toutes les opérations sont solidaires les unes des autres. Telle plante, par exemple, doit venir forcément après l'application du fumier, telle autre doit suivre celle-ci; certaines opérations doivent être faites pour nettoyer, ameublir, fertiliser et approfondir la couche arable, et elles profiteront à la série des cultures à venir dans un ordre déterminé. Or, dans ces conditions, ce n'est pas tant le prix de revient de chaque produit isolément qu'il importe de connaître, c'est avant tout le résultat final de toutes les opérations, de l'ensemble des cultures et des spéculations animales qui s'y rattachent. Ramené à ces

3.

termes, la recherche du profit ou de la perte de l'exploitation n'est pas plus difficile que dans le premier cas. Tout se réduit à savoir exactement ce qu'on a encaissé par la vente des produits d'un côté, et d'autre part ce qu'on a dépensé dans le cours de l'année en salaires, entretien des bâtiments, du matériel et des animaux, en assurances, en impôts, en renouvellement des semences, du matériel et des animaux, en engrais commerciaux et ce qu'on a engagé de capital dans l'achat de la propriété, en améliorations foncières et en achat du cheptel, du matériel, des semences, engrais et denrées de consommation, toutes valeurs parfaitement déterminées et exactement connues. Le rôle de la comptabilité, de ses comptes multiples est alors d'expliquer, de justifier le résultat de l'exploitation constaté par le compte de caisse. Elle doit indiquer, par l'analyse minutieuse de tous les faits, si l'ensemble des opérations de la ferme, si la succession de ses cultures, si les spéculations animales sont bonnes, si tout est bien combiné pour donner le revenu le plus élevé. Elle doit montrer si cette association de travaux et de cultures qu'on a adoptée permet de tirer le meilleur parti possible du sol, du climat, des forces disponibles, des ressources naturelles, des débouchés et du capital d'exploitation. Elle doit signaler les modifications à introduire dans l'organisation du travail comme dans le choix des végétaux à cultiver et des animaux à entretenir pour obtenir les plus grands avantages; mais elle ne doit nullement, par des évaluations arbitraires dont on peut, suivant sa fantaisie ou le besoin de sa cause, modifier les résultats de mille façons, servir à fausser les faits et à faire luire un bénéfice là où il y a en réalité une perte. Le service qu'elle doit rendre est de faire connaître le mérite relatif des diverses spéculations d'une même ferme, et, pour cela, il suffit de donner un prix de convention aux denrées dont la valeur est indéterminée : car alors on est à même de juger quelle est la culture qui, pour le même nombre d'heures de travail et pour les mêmes frais de main-d'œuvre, pour le même capital engagé, est relativement la plus profitable; quel est le genre de bétail qui, pour la même quantité de foin, de paille et de racines, donne le plus de produits; on verra, par exemple, s'il faut préférer, dans un sol donné, le froment au seigle, l'orge à l'avoine, le colza à une partie de blé, ou encore le mouton à la vache laitière, le bœuf au cheval, et *vice versa*.

Ces considérations posées, examinons quelles sont les charges de l'agriculture alsacienne. De même que nous avons éliminé des produits bruts les denrées consommées par les animaux de la ferme, les fumiers et les semences, qui sont des parties intégrantes du capital d'exploitation et se renouvellent chaque année, de même, dans les dépenses de l'agriculture alsacienne, nous ne les compterons pas; nous ne tiendrons compte que de l'intérêt du capital engagé sous cette forme. Les frais de la production agricole pourront dès lors être réunis dans les quatre grandes divisions suivantes: 1° les impôts; 2° les dépenses de main-d'œuvre; 3° le loyer du sol et des bâtiments; 4° l'intérêt du capital d'exploitation et les frais accessoires.

Les impôts, en y comprenant les centimes additionnels et les prestations qui frappent directement les propriétés rurales et les maisons, montent à 6 millions et demi de francs; c'est environ 8 fr. 90 cent. par hectare de la surface imposable. Le principal de l'impôt foncier, c'est-à-dire la part qui revient au budget de l'État, entre dans cette somme pour 4 fr. 97 cent. dans le Bas-Rhin, et pour 4 fr. 44 cent. dans le Haut-Rhin. Les centimes additionnels comptent dans le Bas-Rhin pour 3 fr. 11 cent. par hectare, la taxe des prestations pour 35 centimes et la taxe des biens de mainmorte pour 86 centimes. Dans le Haut-Rhin, les chiffres diffèrent peu de ces nombres.

Un point à noter tout d'abord, c'est que le principal de l'impôt foncier n'a pas varié depuis 1825 et qu'en réalité il pèse moins aujourd'hui sur les propriétés qu'à la fin du siècle dernier. Les très-légères augmentations qui sont constatées dans la valeur du principal de l'impôt foncier depuis une cinquantaine d'années, proviennent uniquement de la taxe des maisons qui ont été construites, des terrains marécageux ou incultes qui ont été desséchés et livrés à la culture. Il n'en est pas de même des centimes additionnels: ceux-ci ont toujours été en augmentant; ils ont quadruplé depuis 1825, et il faut s'en applaudir: car c'est à la fois le signe et le moyen de l'accroissement de la prospérité du pays. Ces centimes, qui sont prélevés par la volonté des conseils généraux et municipaux, ont en effet une affectation toute locale. Ils ne sortent pas du département: ils servent à la confection et à la réparation des routes départementales et des chemins vicinaux; ils servent à l'entretien des écoles, des églises et des autres édifices publics du pays. Si les centimes additionnels ont augmenté considérablement en Alsace, les habitants, c'est une justice à leur rendre, ne s'en plaignent pas: la facilité remarquable du recouvrement de l'impôt en est une preuve évidente. Ils savent que c'est à ces charges que leur contrée doit d'être un des pays les plus prospères, de compter parmi les départements où l'instruction primaire est le plus répandue, et la grande comme la petite vicinalité, le plus perfectionnée. Mais il est d'autres charges qui grèvent la propriété foncière et qu'on supporte moins facilement: ce sont les droits fiscaux sur les ventes, les échanges, les successions, les hypothèques, etc. Ces droits ne laissent pas d'être fort considérables : ils appellent une réforme, comme on le verra plus loin; et cependant, en faisant la part des propriétés bâties, en leur attribuant ce qu'elles payent dans le chiffre de l'impôt foncier en principal et en centimes additionnels, on ne peut pas évaluer à plus de 10 francs par hectare l'un dans l'autre l'ensemble de tous les impôts qui pèsent sur la terre en Alsace; c'est là une fraction minime du produit brut, 3 à 4 p. 100. Nos voisins ont beaucoup plus d'impôts à supporter pour un produit relativement moindre et sans en tirer plus d'avantages; car l'accroissement de l'impôt n'est un bien qu'autant qu'il annonce plus d'éléments de prospérité. Les cultivateurs anglais en effet, ainsi que l'a prouvé notre illustre maître, M. Léonce de Lavergne, dans ses remarquables études sur l'agriculture britannique, payent plus du double d'impôts, sans avoir pour cela plus de sécurité dans leur jouissance, plus de facilités de transport, de meilleurs chemins, une instruction primaire plus développée. En Saxe, les taxes foncières sont aussi plus élevées qu'en Alsace; et, dans les Pays-Bas, en Espagne, en Italie, et dans cette Hongrie même qu'on nous a toujours citée comme un pays où le cultivateur n'a rien à payer pour produire son blé, les propriétaires ruraux supportent des charges encore plus fortes.

L'agriculture alsacienne se trouve donc encore, à ce point de vue, dans une situation marquée de supériorité relativement à celle de la Grande-Bretagne et de la Saxe. Voyons si elle conserve l'avantage pour les salaires, c'est-à-dire pour l'organisation et la puissance productive du travail.

En évaluant avec beaucoup de soin les travaux de main-d'œuvre de chaque culture, on trouve que la somme payée par l'agriculture alsacienne en salaires (frais de nourriture compris) n'est pas moindre de 70 millions de francs par an. Cette dépense correspond, pour le Bas-Rhin, à 99 francs par hectare de terrain productif (terres, prés, vignes, pâtures et bois), ou à 133 francs par hectare de terre en défalquant les forêts. Dans le Haut-Rhin, les salaires montent à 70 fr. 50 cent., pour le premier cas, et à 103 fr. 90 cent., quand on ne prend que la surface exploitée par l'agriculture proprement dite. La part prélevée par les salaires dans la production brute est donc considérable en Alsace, puisqu'elle prend plus du tiers (36 p. 100) du produit brut. Elle est beaucoup plus élevée qu'en Angleterre, où les économistes l'estiment à 50 francs par hectare de la superficie totale. Elle est enfin plus forte qu'en Saxe, où elle ne saurait être évaluée à plus de 60 francs. Cette dépense plus considérable de main-d'œuvre par l'agriculture alsacienne s'explique jusqu'à un certain point par l'importance des cultures industrielles et du vignoble, qui exigent beaucoup de main-d'œuvre, tandis que les pâturages qui dominent dans la Grande-Bretagne n'en demandent presque pas. On a dit que l'agriculture la plus avancée est celle qui est capable de payer la plus grande somme de salaires. Malheureusement, la supériorité que semble avoir l'Alsace sous ce rapport disparaît devant l'analyse des faits. Pour que la proposition qui vient d'être énoncée soit exacte, il faut, en effet, que la dépense faite en main-d'œuvre soit parfaitement utilisée, très-productive, qu'il n'y ait aucune perte de force vive; or ce n'est pas le cas en Alsace.

La population rurale compte dans nos deux départements rhénans pour moitié dans le chiffre de la population totale[1]. Dans le Bas-Rhin, il y a 66 individus

---

1. *Tableau de la population* (recensement de 1861).

	Bas-Rhin.	Haut-Rhin.
Propriétaires faisant valoir leurs biens, chefs de famille (hommes et femmes) . . . (Nombre.)	66,007	41,068
Régisseurs et maîtres-valets, etc.	64	278
Fermiers	868	960
Journaliers et ouvriers agricoles, chefs de famille	37,817	29,494
Professions diverses; maraîchers, etc., chefs de famille.	2,592	8,405
Domestiques, ouvriers employés à l'année, servantes, cuisinières, etc.	15,317	10,687
Enfants et parents vivant avec les propriétaires exploitants.	92,418	75,548
Enfants et parents vivant avec les régisseurs.	137	653
Enfants et parents vivant avec les journaliers, chefs de famille.	61,622	51,703
Total des individus vivant de la profession agricole	276,842	218,796

Le reste de la population se répartit ainsi :

	Bas-Rhin.	Haut-Rhin.
Population de l'industrie . . . . . (Nombre.)	196,364	226,904
Population du commerce	23,951	20,861
Population des professions diverses se rattachant à l'agriculture, au commerce et à l'industrie	3,113	2,685
Population des professions libérales.	26,183	22,202
Populations diverses et armée.	32,720	19,586
Totaux	282,331	292,238

qui vivent des salaires de la culture de 100 hectares. Dans le Haut-Rhin, grâce au développement de l'industrie, la proportion est meilleure; mais elle est encore de 55 individus par 100 hectares. C'est presque le double de l'Angleterre et de la Saxe, puisque la première n'occupe que 30 personnes et la seconde 37 individus par 100 hectares, la population rurale comptant seulement pour le quart de la population totale (en Saxe 28 p. 100, en Angleterre 23 p. 100).

Il suit de là que, pour chaque 100 francs de salaire payés par l'agriculture anglaise aux ouvriers ruraux, la part correspondante en Saxe est de 97 francs. Dans le Bas-Rhin, elle est de 90 francs, et dans le Haut-Rhin, de 76 francs. Ainsi l'agriculture alsacienne dépense le double de main-d'œuvre pour une production de un cinquième et un sixième plus forte, et la part de salaire de chaque individu vivant de la profession agricole est beaucoup moindre. Il faut forcément en conclure qu'en Alsace on tire un moins bon parti des bras qu'en Angleterre et qu'en Saxe, qu'il y a beaucoup de force perdue et que, par suite, le travail y est moins productif.

Le taux des salaires dans nos deux départements rhénans justifie pleinement cette conclusion; le prix de la main-d'œuvre varie, pour les hommes, de 70 centimes à 1 fr. 25 cent. avec nourriture, et de 1 fr. 50 cent. à 2 francs, sans nourriture; elle est, en moyenne, de 1 fr. 80 cent. Les valets de ferme se louent depuis 150 francs jusqu'à 300 francs par an au plus; les femmes reçoivent de 100 à 180 francs de gages annuels. Et il ne faut pas croire que ces prix soient les mêmes qu'autrefois; ils ont subi ici, comme partout, une augmentation de 40 à 33 p. 100 durant les trente dernières années; ils ne laissent pas néanmoins d'être bas, si on les compare à ceux de la plupart des départements français, et cependant, malgré l'arrivée de bandes de faucheurs et de moissonneurs lorrains au moment des récoltes, malgré la surabondance de la population rurale signalée plus haut, toutes les dépositions sont unanimes pour se plaindre de la rareté des travailleurs dans la campagne. On dit que la campagne se dépeuple, qu'elle est désertée.

Cette dernière assertion toutefois n'est pas exacte d'une manière absolue; la population rurale a augmenté régulièrement d'année en année, comme celle des villes[1], seulement elle s'est accrue moins vite dans la campagne. Elle n'a pas suivi les progrès de la culture, les besoins d'une exploitation plus intensive, plus exigeante en main-d'œuvre, et les accroissements de la surface cultivée par la mise en valeur de terres incultes et le desséchement des marais. Cette circonstance peut expliquer jusqu'à un certain point la gêne

1. En 1790, la population rurale comptait, dans le Bas-Rhin, pour 272,366 habitants, sur une population totale de 363,866, soit 80 p. 100. En 1861, elle était de 297,580 sur 577,000, soit seulement 52 p. 100.

dans laquelle se trouvent les exploitants du sol pour trouver les bras nécessaires à tous leurs travaux; mais elle ne saurait justifier la disette de main-d'œuvre avec la surabondance de la population rurale, avec la masse de travail donné à la terre, travail représenté par une somme de salaires considérable. Deux causes, sur lesquelles nous reviendrons, interviennent ici et expliquent cette contradiction apparente; c'est: 1° la constitution de la propriété et de la culture; 2° le morcellement des champs!... La propriété est très-divisée, puisque, dans le Bas-Rhin, les soixante-dix centièmes des exploitations rurales ont moins de 4 hectares, et vingt-cinq centièmes ont de 4 à 7 hectares; de plus, chaque propriété, quelle qu'en soit l'étendue, forme rarement un tout compacte, elle est presque toujours composée d'un nombre considérable de parcelles de quelques ares. Or, avec la propriété très-petite, on ne peut avoir l'outillage, les machines qui économisent les bras; avec le morcellement et l'éparpillement des champs et leur éloignement des bâtiments, on perd considérablement de temps en allées et venues; les hommes en perdent pour se rendre au travail; ils en perdent dans les champs, parce que, les sillons étant courts, il y a des arrêts répétés à chaque instant; le travail fait, il y a de nouvelles pertes de temps, pour revenir à la ferme ou pour se rendre dans une autre parcelle de terre, parfois très-distante; et quelle complication, d'autre part, pour la surveillance, le transport des fumiers et des denrées!

Le triomphe de l'agriculture anglaise est précisément de savoir masser tous les travailleurs dans le même champ et d'avoir, comme dans l'industrie, remplacé une grande partie des bras par des machines; avec des pièces de quelques ares, cela n'est pas aussi facile. De là le besoin du double de journaliers pour ne pas produire dans une proportion semblable. D'un autre côté, quand, à force d'économie, les ouvriers ruraux deviennent propriétaires d'un petit champ (ils y arrivent presque tous), ils sont moins disposés à fournir leur travail au dehors, ils s'adonnent avec toute leur famille à la culture de leur terre; s'ils travaillent pour d'autres, c'est pour l'industrie, pour les manufactures qui les payent mieux. Aussi les plaintes du manque de bras sont-elles surtout et même uniquement formulées par les grands et les moyens propriétaires, la petite culture en a tout autant qu'il lui en faut, ainsi que l'ont parfaitement démontré MM. Flaxland[1] et Ringeisen[2].

Les mêmes causes, le morcellement du sol et l'éparpillement des parcelles en petites fractions d'hectares, agissent tout aussi défavorablement sur le travail des attelages.

Dans le Haut-Rhin, la population des animaux

---

1. Voir *Quelques considérations relatives à l'Enquête agricole dans les départements frontières du Nord-Est,* par M. J. F. Flaxland, membre du comice agricole de Ribeauvillé (Haut-Rhin).

2. *Courrier du Bas-Rhin,* 23 février 1866.

de travail équivaut à 34 ou 35,000 chevaux [1]; la surface du département étant, en nombre rond, de 340,000 hectares de terres, prés et vignes, c'est 1 cheval pour 7 hectares ou une dépense d'environ 59 francs de travail d'attelage par hectare.

Dans le Bas-Rhin, la dépense est encore plus forte, parce que la terre est plus divisée et plus morcelée. Il y a, en animaux de travail, l'équivalent de 60,000 chevaux, ce qui correspond à 1 cheval pour 4 hectares et demi de terres arables et de prés, ou à 90 francs de dépense pour le travail de chaque hectare de terre par les animaux.

En Saxe, il y a 120,000 chevaux pour la culture de 983,350 hectares; la Saxe pourvoit de la sorte à la culture de 9 hectares avec un cheval, ce qui correspond à une dépense de 45 fr. 83 cent. par hectare. En Angleterre, la dépense est encore moindre. La disproportion que nous avons signalée plus haut, par rapport au travail des ouvriers ruraux, existe donc tout aussi grande pour le travail des attelages; ce

---

1. *Animaux employés aux travaux de la culture*
(statistique de 1861).

	Bas-Rhin.	Haut-Rhin.
Chevaux.	36,214	20,484
Anes, mulets	16	987
Bœufs.	12,086	14,606
Vaches.	24,883	5,306

8 bœufs sont considérés comme équivalant, pour le travail, à 6 chevaux, et 7 vaches à 5 bœufs.

qui revient à dire que, pour produire une quantité donnée de denrées, l'agriculture alsacienne dépense beaucoup trop de force; elle agit en cela comme le manufacturier qui brûle le double du charbon qui est nécessaire pour engendrer la force suffisante à sa fabrication. La position du cultivateur est même pire: car l'industriel ne perd qu'une certaine quantité de charbon; l'agriculteur perd plus: en effet l'animal qui lui donne un travail superflu ou qui profite peu, non-seulement absorbe sans avantage ses fourrages, mais il prend la place d'une bête de rente, c'est-à-dire d'un animal comme la vache laitière, le mouton, la génisse ou le porc, capable de transformer avec avantage les denrées qu'il consomme en fumier, lait, viande ou laine; il prive de la sorte le cultivateur des bénéfices qu'il en retirerait; il diminue donc, d'une part, le profit de l'étable ou de la bergerie et augmente, de l'autre, les frais de la culture. C'est en effet ce qui ressort de l'examen de la population chevaline et bovine de l'Alsace. En ne comptant que les bêtes adultes, l'effectif des animaux employés à fournir du travail est, dans le Bas-Rhin, de 37 p. 100 de la population totale (bœufs, vaches, taureaux et chevaux); dans le Haut-Rhin, il est de 30 p. 100; en Saxe, il n'est que de 17 p. 100; en Angleterre, il est encore moindre.

Ainsi s'expliquent du même coup l'infériorité de la production animale de l'agriculture alsacienne et la cause de cette infériorité; on voit en même temps le progrès à accomplir. Si l'agriculture alsacienne se rapprochait seulement un peu, pour l'organisation du travail et l'emploi de ses forces, de celle de la Saxe, qui est presque dans les mêmes conditions de sol et de climat, elle pourrait, en réduisant de un dixième seulement ses attelages, les remplacer par des animaux de l'espèce bovine et porcine, et avoir sans peine de 20,000 à 30,000 bonnes vaches laitières et autant de porcs de plus ; elle accroîtrait ainsi bien vite son produit brut de 10 à 12 millions de francs au moins en lait et en viande. On ne saurait trop le répéter, ce n'est pas à avoir beaucoup d'animaux qu'il faut viser en agriculture ; c'est à avoir le plus de bêtes de rente possible, de bêtes productives et le moins possible d'animaux de travail, c'est-à-dire le nombre strictement nécessaire pour faire les travaux en tirant le maximum d'effet utile de leurs forces.

Des efforts ont déjà été effectués pour améliorer la situation fâcheuse que présente l'agriculture alsacienne à ce point de vue. Tous les petits cultivateurs, et c'est un progrès important, tendent à remplacer par la vache le cheval dont l'entretien est dispendieux, qui coûte beaucoup quand il reste inoccupé à l'écurie, qui coûte encore trop quand on tire peu de son travail. La vache fournit des forces à meilleur marché, parce qu'elle vit plus facilement avec les herbes provenant des sarclages et du bord des fossés, parce qu'elle donne de plus quelques produits, un veau pour la boucherie ou l'élevage et du lait pour l'alimentation de la famille ; dans les temps perdus, la dépense est beaucoup moindre. La multiplication du bœuf comme bête de travail dans les exploitations de grande et de moyenne étendue serait aussi un grand progrès ; le cultivateur ferait de cette manière ses travaux plus économiquement ; il engagerait un capital beaucoup moindre qu'en employant seulement des chevaux. D'ailleurs il serait toujours sûr de retrouver à peu près son capital, quand, pour une cause ou pour une autre, il serait obligée de vendre quelques-uns de ses animaux.

Un autre grave inconvénient que rencontre l'agriculture alsacienne dans la constitution de la propriété, c'est le prix considérable qu'ont les bâtiments d'exploitation. On comprend, en effet, que la charge qui pèse ainsi sur la production par hectare doit être d'autant plus grande qu'on arrive à des divisions infinies : pour les très-petites propriétés, la valeur des bâtiments nécessaires pour loger les animaux, la famille et les récoltes, atteint presque la valeur de la terre ; elle dépasse 1,400 et 1,500 francs par hectare dans les domaines de petite étendue. On ne peut pas l'estimer, l'un dans l'autre, à moins de 800 francs par hectare dans les deux départements rhénans. Or il en est des bâtiments comme des animaux de travail : moins on en a, mieux cela vaut. Il en faut pour abriter les hommes, les bestiaux et les récoltes ; mais il importe que le capital engagé sous cette forme soit le plus faible, car on immobilise ainsi une portion considérable des capitaux de l'agriculture ; on en retire 3 p. 100, 4 p. 100 au plus, quand encore les dépenses d'entretien n'absorbent par leur valeur locative. Mieux vaut que le cultivateur consacre toutes ses ressources pour grossir le plus possible son capital d'exploitation (bestiaux et engrais), puisque celui-ci lui rapporte 11 à 12 p. 100 en moyenne d'intérêt.

Il faudrait toutefois se garder de croire qu'on doive proscrire le bon goût et le luxe même des bâtiments ruraux ; on ne saurait trop embellir les habitations de la campagne, pour en accroître l'attrait. L'économie n'exclut pas l'harmonie des lignes et l'ornementation des constructions ; mais, ce qu'il faut rechercher, on ne peut le redire assez, c'est de restreindre la surface des bâtiments de façon que le capital qu'ils représentent soit toujours une fraction aussi petite que possible de la valeur des terres.

La rente foncière des domaines ruraux est généralement perçue par l'exploitant du sol lui-même ; presque tous les agriculteurs alsaciens sont propriétaires des terres qu'ils cultivent. Ils ne louent [1]

---

1. Les baux ont lieu pour trois, six ou neuf ans. Le payement se fait en argent à la Saint-Martin. Les administrations hospitalières et quelques particuliers fixent les prix, partie en argent, partie en nature. Les impôts sont mis à la charge du fermier. La brièveté des baux est certainement un obstacle sérieux aux améliorations. — Quels efforts peut-on attendre d'un fermier qui ne sait si, au bout de trois ans, de six ans, de neuf ans même, il ne devra pas quitter son exploitation ? C'est en grande partie au bail de dix-neuf ans que

guère que des parcelles de terre appartenant soit aux hospices, soit aux établissements publics, ou encore aux communes ; le nombre des fermiers proprement dits est très-restreint et il n'existe pas de métayers. On compte généralement que le capital consacré à l'achat des terres doit rapporter de 2 $\frac{1}{2}$ à 3 $\frac{1}{2}$ p. 100. En adoptant les chiffres fournis par les meilleures autorités, lesquelles évaluent à 3,000 francs le prix moyen des terres dans le Bas-Rhin et à 2,500 ou 2,600 francs celui des terres dans le Haut-Rhin, on trouve que la valeur locative, ou la rente des terres, augmentée du loyer des bâtiments, doit être, en moyenne, dans le Bas-Rhin, de 122 francs par hectare, et dans le Haut-Rhin de 105 francs. En Angleterre et en Saxe, les propriétaires ruraux ne tirent pas, en moyenne, plus de 75 à 80 francs par hectare de loyer de leurs biens.

Quant au capital d'exploitation, qui est de beaucoup plus productif et qui comprend le bétail, le matériel, les engrais, les semences, les denrées consommées dans la ferme, il n'est pas aussi élevé qu'on pourrait le désirer, surtout dans le Haut-Rhin. Si, dans les exploitations où le tabac, le houblon et la vigne sont en faveur, ce capital atteint les chiffres de 800, 1,000 francs et souvent plus, il tombe dans beaucoup de cas à 150 et 200 francs ; il est en moyenne de

---

l'agriculture écossaise doit l'accomplissement des immenses progrès qu'elle a réalisés depuis le commencement de ce siècle. Les longs baux sont donc à souhaiter, dans l'intérêt de la bonne culture.

400 à 500 francs dans le Bas-Rhin; dans le Haut-Rhin, il tombe entre 300 et 400 francs. On peut dire qu'en général l'agriculture alsacienne prodigue trop le travail, mais n'emploie pas assez de capital d'exploitation.

Dans le Bas-Rhin, les semences ont une valeur de 8 millions de francs environ, ce qui équivaut à 29 francs par hectare. Dans le Haut-Rhin, on peut les estimer à 5,400,000 francs ou, par hectare, à 20 fr. 60 cent. Ce n'est pas toutefois de cette partie du capital d'exploitation qu'il faut souhaiter l'augmentation : on consomme peut-être même trop de semence en Alsace. Ainsi, on emploie pour cet objet 3 hectolitres de froment par hectare, 4 hectolitres d'orge, 4 à 5 d'avoine. Sans doute les semailles dans les terres légères demandent à être très-épaisses, mais il est incontestable que si l'on faisait les semis en ligne, on pourrait économiser une portion assez notable des semences, tout en obtenant au moins le même rendement. L'introduction de semoirs en ligne pour la petite culture, comme il en existe en Belgique, rendrait assurément un grand service à l'agriculture alsacienne, et les sociétés locales devraient porter toute leur attention et leurs encouragements vers cette branche de progrès.

Ce ne sont pas seulement les semoirs qui manquent en Alsace, ce sont les outils d'une culture perfectionnée. Il y a peu de machines à battre, et quant aux râteaux et faneuses mécaniques, qui permettent d'économiser tant de main-d'œuvre, ils ne se voient que dans les fermes des agriculteurs les plus éclairés ; la masse ne les connaît même pas. Presque toutes les céréales sont encore battues au fléau, et il n'y a pas longtemps qu'on les coupait à la faucille. Les tentatives de battage à forfait, comme cela a parfaitement réussi dans le centre de la France, par le moyen d'entrepreneurs circulant avec une machine, d'exploitation en exploitation, paraissent avoir peu réussi en Alsace, à en juger par les plaintes que la Commission du Bas-Rhin a entendues. Cet insuccès s'explique dans un pays de très-petite culture. Les cultivateurs battent à temps perdu, et préfèrent se réserver, par conséquent, cette occupation pour la saison des mauvais temps au lieu de rester inactifs et de payer leur battage, et ils n'ont pas tort. La culture très-morcelée est assurément un obstacle sérieux à la propagation des instruments perfectionnés, qui sont quelque peu coûteux. Mais la difficulté n'est pas insurmontable. Arrivera-t-on à la vaincre par l'association? De bons esprits l'espèrent. La diffusion de l'instruction et de bonnes notions d'économie rurale serviront surtout le progrès dans cette voie. Quoi qu'il en soit, le remède permettrait à la fois d'augmenter la part de salaires revenant aux ouvriers agricoles et de supprimer une partie des animaux de travail au profit des bêtes de rente, dont le nombre comme la valeur laisse considérablement à désirer, puisque la valeur du matériel, des animaux de toute espèce et des denrées nécessaires à leur entretien ne dépasse pas en moyenne 360 à 390 francs par hectare dans le Bas-Rhin et 250 francs dans le Haut-Rhin.

Cette portion du capital d'exploitation est trop faible. Le capital engagé en engrais n'est pas non plus ce qu'il devrait être : c'est de celui-là qu'on peut dire surtout qu'il ne saurait jamais être trop gros.

D'après l'effectif des animaux, on peut estimer à 20 millions et demi de quintaux métriques la quantité de fumier produite annuellement dans les fermes du Bas-Rhin, en comprenant les matières fécales de la population rurale, qui toutes sont recueillies avec un grand soin. Cette production permet de fournir à la terre une fumure annuelle de 7,000 à 8,000 kilogrammes de fumier par hectare l'un dans l'autre. Cette quantité d'engrais équivaut à un capital de 75 à 80 francs par hectare. L'assolement triennal simple peut se soutenir avec une semblable fumure, mais il ne le peut plus avec la suppression de la jachère, avec le développement des cultures industrielles et avec le haut prix du loyer des terres; il faut, pour les cultures à gros rendement, une fumure annuelle de 14,000 à 15,000 kilogrammes d'engrais de ferme, ou d'engrais équivalent, par hectare, si l'on veut obtenir d'excellents résultats. Les agriculteurs du Bas-Rhin font à la vérité beaucoup pour combler leur déficit; ils ont le rare mérite de ne laisser perdre aucune matière fertilisante; ils emploient dans leurs cultures les déjections de l'homme comme les boues des villes, des chiffons de laine, les débris de corne et d'os, les tourteaux, le guano, les résidus de brasserie, etc. Ils font de grands efforts pour élever la fertilité de leurs terres. On peut certainement évaluer à 1,400,000 ou 1,500,000 francs au moins la dépense annuelle d'achats de substances fertilisantes faite par eux. Mais ce n'est pas encore assez; l'Angleterre, la Saxe et la Belgique dépensent plus en achats d'engrais par hectare et font surtout une consommation beaucoup plus considérable de poudre d'os et de guano. Les cultures de MM. Schattenmann, Pasquay et autres, qui seraient des maîtres dans les pays où l'agriculture est le plus avancée, montrent tout ce que la généralité des cultivateurs doit faire et doit espérer d'une plus abondante importation de substances fertilisantes et de l'application des méthodes de culture rationnelle.

Les agriculteurs du Haut-Rhin n'imitent pas malheureusement leurs voisins. Ils se contentent de leur production en fumier, qui équivaut à peine à une fumure de 6,000 kilogrammes par hectare et par an, et ils n'achètent guère que les fumiers de ville et de cavalerie à un prix relativement très-bas. Ils n'ont recours à aucun autre engrais; c'est à peine s'ils emploient une petite portion des matières fécales produites dans les villes et les bourgs; la plus grande partie de ce puissant engrais est expédiée dans le Bas-Rhin; les engrais de Mulhouse, par exemple, traversent le Haut-Rhin dans sa plus grande longueur, sur canal, pour aller enrichir les cultivateurs des arrondissements de Schlestadt et de Strasbourg. L'usage du guano, des os, des tourteaux, etc., y est presque inconnu ; c'est un grand mal qui maintiendra l'infériorité des rendements de l'agriculture du Haut-Rhin tant qu'il existera, tant que les cultivateurs de ce département ne suivront pas l'exemple donné à leurs portes.

En résumé, si l'on ajoute à tous les frais de production qui viennent d'être détaillés, le prix de l'assurance des bâtiments, du cheptel et des récoltes, les dépenses d'entretien des constructions, du mobilier, du matériel et du renouvellement de semences et d'animaux, on arrive à un chiffre total de 313 francs de frais par hectare de la surface totale exploitée par l'agriculture dans le Bas-Rhin et de 253 dans le Haut-Rhin. Ces deux chiffres se décomposent comme il suit :

	Bas-Rhin.	Haut-Rhin.
Impôts.	10^{f}00^c	10^{f}00^c
Salaires.	133 00	104 00
Rente de la terre et des bâtiments .	122 00	105 00
Intérêt du capital d'exploitation à		
5 p. 100	23 00	17 50
Achat d'engrais.	5 00	1 60
Assurance des bâtiments, etc. . . .	1 25	1 25
Entretien des bâtiments, du maté-		
riel, du cheptel et du mobilier, et		
frais divers	48 75	13 65
Totaux	313 00	253 00

Le produit brut de la culture proprement dite (terres, prés, pâtures et vignes) étant de 375 francs par hectare dans le Bas-Rhin et de 300 francs dans le Haut-Rhin, il s'ensuit que le profit pour le cultivateur est pour l'unité de surface :

Dans le Bas-Rhin, de 62 francs ;

Dans le Haut-Rhin, de 47 francs.

C'est, dans le premier département, la moitié de la rente foncière ; dans le Haut-Rhin, c'est un peu moins. Le profit y est d'un quart, ou, si l'on veut, il est de 20 p. 100 inférieur à celui de l'agriculture du Bas-Rhin.

Tel est le résultat réel, définitif, de l'exploitation du sol en Alsace ; c'est le seul qu'il importe de connaître, parce qu'il résume tout et qu'il répond à tous les doutes ; mieux que tous les calculs de prix de revient qu'on pourrait imaginer, il permet de juger nettement de la situation des agriculteurs du pays. Les dépositions les plus complètes faites devant l'Enquête le confirment, et il est remarquable de trouver cette concordance, même avec les chiffres fournis par des personnes disposées à voir l'agriculture en perte.

Si l'on compare le bénéfice de l'exploitant du sol en Alsace à celui que les meilleures autorités assignent aux agriculteurs de la Grande-Bretagne et de la Saxe, on constate que nos deux départements, ou au moins le Bas-Rhin, présentent, dans ce rapprochement, une réelle supériorité ; le profit du cultivateur alsacien est presque double de celui de l'agriculteur des Iles-Britanniques, malgré l'énorme désavantage qu'implique l'organisation du travail en Alsace, et malgré une importation moindre de matières fertilisantes. Ce résultat se comprend, quand on se rappelle les aptitudes remarquables du climat et du sol de la vallée du Rhin, pour le développement des cultures industrielles; quand on songe aux bénéfices considérables que les cultivateurs tirent de leur tabac, de leur houblon, de la garance et de la vigne, bénéfices qui, en moyenne, donnent de 8 à 10 p. 100 des capitaux que l'on engage. Le profit de l'agriculture alsacienne est dû encore à l'intensité et aux soins d'une culture très-petite. Si le cultivateur ne craint pas d'inonder son champ de ses sueurs, s'il va jusqu'à la prodigalité dans la distribution du travail, c'est qu'il est tout pour sa terre, à la fois propriétaire, exploitant et ouvrier; il sait qu'il travaille pour lui, pour ses enfants, il ne compte pas sa peine et n'épargne rien de ce qu'il a pour rendre son champ plus productif : car à lui seul reviennent les trois grandes parts du produit brut: les salaires, la rente du sol et le profit de l'exploitant.... Aussi la situation du tout petit propriétaire, de l'ouvrier propriétaire, est-elle très-bonne et très-prospère et en voie constante d'amélioration, d'autant plus que la rémunération de son travail s'accroît d'une part considérable prise dans les salaires payés par l'industrie. Pour la moyenne et la grande propriété, la position est moins bonne, surtout dans le Haut-Rhin; elle est parfois difficile, à cause du caractère de la classe ouvrière, moins docile, moins attachée qu'autrefois au maître; mais ce serait méconnaître la vérité que de prétendre qu'elle est en perte; tout prouve le contraire : ses bénéfices ne laissent pas d'être élevés et en rapport avec son capital d'exploitation, comme l'attestent les comptes mis sous nos yeux par l'honorable M. Schattenmann, par MM. Pasquay, Gros, E. Jourdain, Romazotti, etc. Ce n'est pas tant en sollicitant, en provoquant l'accroissement du nombre des bras que l'agriculteur alsacien parviendra à augmenter son profit, c'est bien plus par le bon emploi des bras dont il dispose aujourd'hui, c'est en imitant l'industrie, en demandant beaucoup plus de travail aux machines qu'aux journaliers, c'est en remédiant aux pertes de temps considérables que nous avons signalées; c'est, en un mot, en rendant le travail beaucoup plus productif qu'il n'est; c'est, enfin, en augmentant son capital d'exploitation, et surtout en achetant beaucoup d'engrais. Et l'on atteindra de la sorte un triple but : on accroîtra le produit net, le bénéfice de l'exploitant et la part de chaque travailleur dans la répartition des salaires.

Nous devons examiner maintenant les causes qui, en dehors du climat et du sol, ont favorisé l'évolution de l'agriculture alsacienne et les obstacles qui l'ont plus ou moins entravée.

CHAPITRE VI.

CONSTITUTION DE LA PROPRIÉTÉ.

L'un des traits caractéristiques de l'agriculture alsacienne est la prédominance de la petite propriété. Malgré les inconvénients signalés dans le chapitre précédent, il s'est produit un fait remarquable : la prospérité agricole s'est développée en Alsace en même temps que la propriété se divisait. Ce n'est pas sans contestation toutefois que la petite propriété est donnée ainsi pour la cause principale et décisive d'où dérive la richesse agricole de l'Alsace, et cette opinion soulève des objections dont nous ne tarderons pas à parler.

On peut compter, dans les deux départements, de 170,000 à 180,000 propriétaires[1] : c'est plus que la

---

1. D'après le recensement de 1861, il y aurait dans les deux départements du Bas-Rhin et du Haut-Rhin :

Propriétaires chefs de famille, hommes et femmes, faisant valoir leurs biens.	107,075
Régisseurs	342
Fermiers	1,828
Journaliers et ouvriers agricoles chefs de famille.	67,311
Maraîchers chefs de famille.	10,997

On peut compter que les cinq sixièmes au moins des ouvriers chefs de famille sont propriétaires de parcelles de terre.

Saxe, qui n'a que 130,000 propriétaires, et presque autant que la Grande-Bretagne tout entière. Or comme le sol cultivable, non compris les bois et forêts, représente une contenance de 560,000 hectares, c'est une moyenne de 3 hectares 20 ares par famille, et, en évaluant le revenu brut total de la propriété rurale à 190 millions de francs, on a 1,000 à 1,100 francs par famille, ou 380 francs environ par tête de la population rurale entière (hommes, femmes et enfants).

La répartition réelle du sol cultivable donne lieu tout naturellement à des résultats fort différents. Les domaines d'une étendue de 3 à 40 hectares occupent à peu près un cinquième de cette superficie. Ce sont déjà des propriétés considérables, car les terres de 100 à 150 hectares et plus se rencontrent fort rarement. Le reste du sol cultivable se répartit entre des propriétés dont l'étendue moyenne varie entre 7 ares et 4 hectares. Dans le Bas-Rhin, la division du sol est beaucoup plus grande que dans le département voisin; les exploitations dominantes sont celles qui occupent une famille et consistent en moins de 4 hectares; elles représentent les 70 centièmes du territoire; celles de 4 à 7 hectares en occupent 25 centièmes; celles qui ont plus de 7 hectares ne comprennent pas plus de 5 centièmes de la superficie.

On peut évaluer de 5,000 à 8,000 francs le revenu moyen des propriétés les plus importantes; pour les autres, le revenu varie de 1,200 à 3,000 francs. Les terres d'une étendue de 4 hectares sont assez répandues, principalement autour de Strasbourg, et l'on a évalué à 1,400 francs le revenu qu'elles donnent en nourrissant la famille. Quant aux fortunes territoriales de 15,000 à 20,000 francs de rente, elles forment tout à fait l'exception. Il n'y a donc, à vrai dire, que deux catégories de propriétés : la moyenne et la petite.

On jugera mieux encore de l'état général de la propriété en Alsace par le chiffre et surtout par le taux des cotes foncières, en notant toutefois, comme on l'a observé avec raison, que ce chiffre est loin d'indiquer exactement le nombre des propriétaires ; sur 277,000 cotes foncières dans le Bas-Rhin, il y en a 67,589 au-dessous de 1 franc, 93,636 de 1 franc à 5 francs, 40,000 de 5 francs à 10 francs et 5,000 seulement sont au-dessus de 100 francs.

Dans le Haut-Rhin, sur 174,000 cotes, 100,000 sont au-dessous de 100 francs ; 52,000 de 50 à 100 francs. Il n'y en a que 3,200 au-dessus de 100 francs.

Ces chiffres suffiraient presque à eux seuls pour permettre d'apprécier le point où est parvenu le morcellement de la propriété. Il n'a été dépassé dans aucun autre département ; de plus, et c'est là où commence le mal, les propriétés, quelle qu'en soit l'étendue, ne sont presque jamais d'un seul tenant. La très-grande majorité des exploitations se compose de parcelles de faible contenance, disséminées dans la banlieue et souvent à de fortes distances. On en compte dans le Bas-Rhin 2 millions qui forment des pièces de 12 ares, en moyenne, dans les districts arables. Dans le Haut-Rhin, il y en a plus de 1,600,000. Il serait difficile de pousser plus loin l'émiettement du sol.

Cette situation, il faut le reconnaître, n'est pas nouvelle. Le goût de la possession du sol est ancien en Alsace, et la coutume du partage égal des héritages ruraux y avait, sur plus d'un point, devancé le Code civil.

En consultant les livres terriers, on trouve bien avant 1789, dans un grand nombre de communes, des centaines de parcelles de 5 ares et même de 2 ares, et un rapport adressé à un intendant d'Alsace, au dix-huitième siècle, constate qu'à cette époque les successions se subdivisaient d'une manière égale et que, chacun voulant avoir de tout, les pièces de terre se trouvaient divisées à l'infini et se subdivisaient sans cesse.

On le voit, cette extrême division du sol a eu tout d'abord son principe dans le goût en quelque sorte inné de l'Alsacien pour la propriété. On n'a pas moins cherché à l'expliquer par d'autres causes, telles que le progrès croissant de la population agglomérée dans la plaine resserrée entre le Rhin et les Vosges, la division des capitaux et l'esprit démocratique qui a prévalu de bonne heure en Alsace et qui n'a pas été étranger, sans doute, à l'adoption de la coutume du partage égal dans les successions. Les débats d'un procès jugé le 21 janvier 1737 par le conseil souverain d'Alsace, siégeant à Colmar, indiqueraient une autre cause à ajouter à celles-là. Son importance est peut-être secondaire; mais le document lui-même jette un véritable jour sur l'état de la propriété à cette époque.

« Les terres de chaque saison, dit ce document, sont divisées en très-petites parties à cause de la fertilité du terrain ; tel n'en possède qu'une pièce de trois quarts d'arpent ; tel, d'un demi, d'un quart et même d'un demi-quart. Si la prétention des habitants avoit lieu, ces petites pièces de terre seroient souvent déclarées exemptes de la dîme dans les années moins abondantes, et ils auroient grande attention, pour frustrer les décimateurs, que chaque propriétaire n'eût pas de champs contigus ni chaque pièce d'une grande étendue ; c'est ce qu'ils pratiquent déjà depuis un temps, par des divisions multipliées dans les partages de famille et par des trocs, ventes et échanges faits entre eux pour morceler leurs héritages et faire qu'ils soient séparés pour frauder la dîme. »

Ces tendances ne pouvaient évidemment que se continuer sous l'influence de la législation du Code civil. Les progrès du morcellement devaient être la suite naturelle du nouveau régime successoral, de l'égalité des partages, érigée en principe rigoureux, du droit absolu à sortir de l'indivision et surtout du partage des immeubles en nature.

Il faut suivre dans les matrices cadastrales les vicissitudes d'une parcelle de terrain pour se rendre compte du degré où a été poussée la division depuis cette époque. On constaterait, par exemple, qu'une parcelle d'une contenance de 20 ares, dans l'espace de quarante ans, a été partagée une première fois en deux; puis, les deux fractions subdivisées, l'une en tiers, l'autre en cinquièmes afin de simplifier la formation des lots entre cohéritiers; enfin, plusieurs de ces parcelles divisées encore une fois lors d'une troisième succession.

Cependant, si la division de la propriété a suivi, depuis le commencement du siècle, une progression constante, et si l'Administration a pu constater dans le Bas-Rhin que, chaque année, le chiffre des acquéreurs de propriétés est de 24 p. 100 supérieur à celui des vendeurs, il y a lieu de remarquer que le morcellement ne s'est point manifesté sur tous les points avec la même intensité ni avec les mêmes caractères, et qu'il n'est pas sans avoir trouvé certaines limites.

Il faut reconnaître d'abord, d'une manière générale, que, si le chiffre des parcelles n'a point cessé de s'accroître, un grand nombre de ces parcelles ont été créées aux dépens des terres incultes et des forêts défrichées; on ne saurait perdre de vue que, dans le seul département du Bas-Rhin, 170,000 hectares de terre appartenant tant aux communes qu'aux particuliers ont été mis en culture depuis cinquante ans.

D'un autre côté, sur certains points, le morcellement est resté complétement stationnaire. Il résulte, en effet, de l'examen des plans et des livres cadastraux d'un assez grand nombre de communes que la division des propriétés, telle qu'elle existait lors de la confection de ces pièces, n'a, pour ainsi dire, pas subi de modifications. Sur d'autres points, on ne constate que de légers changements. Tout porte à croire que, dans ces régions, la division était arrivée à sa dernière limite ou qu'elle rencontrait dans la nature des exploitations, ou dans le genre des moyens de culture, un obstacle plus fort que les effets de la loi et plus fort aussi qu'une tendance invétérée.

Dans la région des vallées, par exemple, où les exploitations sont, en général, isolées et entourées d'un certain corps de biens, la division est rare; elle serait trop préjudiciable. Lors des héritages, les copartageants procèdent presque toujours par licitation, et le bien est vendu en bloc.

Il en est de même dans quelques parties de la plaine, dans les environs de Strasbourg, par exemple, où les exploitations forment également un tout compacte et sont organisées en vue d'une culture déterminée. Dans le vignoble, le morcellement s'arrête généralement à 2 ares, tandis que, dans les prés et les terres arables, la limite extrême paraît être de 10 ares environ.

Enfin, sur quelques points, les progrès du morcellement se trouvent non-seulement limités, arrêtés, mais compensés en quelque sorte par un effort contraire, c'est-à-dire par une tendance à la reconstitution de domaines plus compactes. L'accroissement de l'aisance, les capitaux plus abondants depuis l'introduction de l'industrie expliquent ce fait.

Mais, quels que soient les aspects différents sous lesquels se présente la division de la propriété et en dépit des obstacles qu'elle a pu rencontrer, le fait qui domine le développement de l'agriculture alsacienne depuis le commencement de ce siècle n'en est pas moins l'augmentation du nombre des propriétaires.

Nous l'avons dit, bien loin de diminuer, le goût de la possession de la terre semble être devenu plus vif avec le temps : journaliers, ouvriers de l'industrie même se sont montrés plus ardents que jamais à l'acquérir, et il est évident que la coutume qu'ont fait prévaloir, dans un esprit de spéculation, bon nombre de courtiers ruraux, coutume qui consiste à fractionner en très-petits lots tous les corps de biens mis en vente, et à accorder les plus grandes facilités et de longs termes pour les payements, n'a pas médiocrement contribué à encourager cette ambition. Aussi bien toutes les circonstances ont-elles paru s'accorder pour donner à l'ouvrier l'accès de la propriété. Le plus souvent, au moins dans certaines régions, il y est parvenu, grâce à l'épargne que lui permettaient de réaliser les salaires élevés payés par l'industrie. Aujourd'hui, dans les vallées surtout, où l'industrie du coton a pris une extension importante, le nombre des ouvriers propriétaires est considérable et ce n'est pas un des caractères les moins frappants qui distinguent l'industrie alsacienne.

On voit beaucoup de ces petits propriétaires cultiver leur terre dans l'intervalle des heures consacrées
au travail industriel ou les faire cultiver par leur
famille, quelquefois avec le secours des attelages
possédés par leurs voisins; et, en général, ils traitent
leur petit domaine avec le plus grand soin.

Par une rencontre singulière et qui mérite de frapper l'attention, en même temps que la propriété devenait plus facilement accessible à tous, en même
temps que la classe des journaliers, des ouvriers de
l'industrie, qui jusqu'alors s'étaient contentés de louer
leurs bras, s'élevait insensiblement, améliorait sa
condition par un labeur persévérant et par un grand
esprit d'économie, un mouvement contraire se mani-
festait dans la propriété moyenne. La situation des
propriétaires de quelque importance, possédant jusqu'à 30 et 40 hectares, ce que l'on pourrait appeler
l'aristocratie villageoise, devenait de plus en plus
difficile. Beaucoup se voyaient dans la nécessité de
grever leurs terres d'emprunts plus ou moins oné-
reux; et d'autres, en grand nombre, renonçaient à
les exploiter directement, trouvant beaucoup plus
avantageux de les donner en location par parcelles.

Ainsi, pendant qu'au dernier échelon de l'échelle
sociale la population rurale montait, la classe immédiatement supérieure descendait. Ce mouvement a
reçu des interprétations diverses.

La transformation économique qui s'est opérée, a-
t-on dit, depuis plusieurs années, a placé les pro-

priétaires ruraux d'une certaine importance dans des conditions toutes particulières : ils ont eu à lutter contre la cherté et la rareté croissante de la main-d'œuvre. D'un autre côté, par suite de modifications dues à la multiplication des voies de communication et à la facilité des échanges, ils se sont trouvés en présence d'une situation toute nouvelle qui eût exigé, dans l'organisation de leurs cultures, des changements auxquels ils n'ont pas pu ou n'ont pas voulu se prêter. Dès lors, leurs charges ayant augmenté et leurs produits étant restés à peu près stationnaires, leur profit a été réduit, pendant que la rente et la valeur du sol croissaient en raison de l'extension et des progrès de la petite propriété. Leurs embarras devaient aller en grandissant.

On signale également la tendance de plus en plus marquée du cultivateur à dépenser au delà de ses forces, entraîné souvent, lorsqu'il est placé dans le voisinage de l'industrie où les salaires sont élevés, les gains parfois considérables et prompts, à une sorte d'émulation dans le bien-être et parfois même dans le luxe, ou encore séduit par l'ambition de faire donner à ses enfants une éducation coûteuse.

Le petit propriétaire, au contraire, ne tient aucun compte de la main-d'œuvre qu'il fournit lui-même; il réalise un produit beaucoup plus considérable, puisqu'il peut se livrer davantage aux cultures industrielles qui demandent beaucoup de soins et de travaux de bras; ayant peu de besoins, il échappe à la plupart des difficultés et des charges avec lesquelles la moyenne propriété s'est trouvée aux prises.

Quoi qu'il en soit, cette marche ascensionnelle d'une part, cette sorte de décadence de l'autre, en admettant même qu'il ne les faille point généraliser outre mesure, ont, au point de vue social et économique, une importance sur laquelle on ne saurait se méprendre.

Envisagé par les uns avec appréhension, ce mouvement a été salué par les autres comme une heureuse révolution. On a vu dans cet avénement de plus en plus large de la classe rurale à la propriété, la disparition du prolétariat, au moins dans la mesure où elle est possible; les travailleurs de plus en plus attachés au sol, identifiés avec ses intérêts, conservateurs désormais par nécessité et amenés peu à peu à contracter toutes les habitudes moralisatrices qu'inspire la propriété.

Nous n'avons garde de contester ces appréciations; mais nous devons le dire, en présence des divergences qui se manifestent, cette question a presque toujours été mal posée. On confond trop volontiers le principe même de la division avec ses conséquences extrêmes, c'est-à-dire avec le morcellement exagéré; ou encore l'on confond la division de la propriété avec la dispersion des parcelles exploitées par le même propriétaire.

L'influence favorable de la petite propriété sur le développement de l'agriculture alsacienne ne saurait

4.

être mise en cause. On a remarqué combien les origines de la division y sont anciennes; cette division tient évidemment à la nature et à la qualité du sol; elle s'est identifiée avec les mœurs, les habitudes, l'organisation sociale et économique de la province au point de constituer aujourd'hui une manifestation caractéristique de son génie.

Il suffit, en Alsace, de jeter les regards autour de soi pour reconnaître que les petits propriétaires sont ceux qui traitent le mieux la terre; que, possesseurs du sol en même temps qu'exploitants, concentrant tous leurs efforts sur un espace restreint, ils ne perdent rien de ce qui peut être utile à leur bien et sont souvent seuls capables de donner à certaines cultures, dans des conditions vraiment économiques, tous les soins qu'elles comportent.

Mais si la division de la propriété a servi, en Alsace, le progrès agricole, il n'en saurait être de même des conséquences extrêmes qui sont sorties de ce principe. La dispersion des parcelles exploitées par le même propriétaire, jointe à l'agglomération dans des villages populeux de presque tous les bâtiments de ferme, constitue aujourd'hui un des plus graves obstacles contre lesquels l'agriculture de cette province ait à lutter.

Au point où sont parvenus le fractionnement et la dispersion des parcelles, les frais d'exploitation sont augmentés dans une proportion qui grandit tous les jours. Le cultivateur n'est plus le maître du choix de ses cultures; il se trouve exposé à des entraves continuelles. Et il faut ajouter que cet état de choses ne fait que s'aggraver par suite de la fureur qui pousse tout le monde, en Alsace, à devenir propriétaire, et qui fait qu'on se dispute le plus petit morceau de terre dès qu'il devient vacant. De là découlent quatre conséquences également défavorables au développement de l'agriculture alsacienne : une dépense en salaires trop forte, ainsi que nous l'avons déjà signalé; une disproportion trop grande entre le chiffre du capital d'exploitation et du capital engagé dans les bâtiments; une extrême mobilité dans la propriété rurale, et enfin l'existence d'une dette encore trop lourde pesant sur le sol.

La suite naturelle d'une concurrence aveugle a été de donner parfois à la propriété une valeur exagérée. Cette valeur a tendu constamment à s'accroître, et elle n'a pas été suivie partout dans sa progression par une augmentation proportionnelle du revenu.

La mobilité de la propriété, inséparable d'un tel état de choses, est venue y joindre ses inconvénients et ses charges.

Dans le seul département du Haut-Rhin, il a été constaté que 96,000 parcelles de terrain subissent annuellement des mutations. Il faut donc encore ajouter au chiffre déjà élevé du capital foncier les frais qui viennent à chaque changement de maître grever la propriété, sans cesse atteinte de la sorte par les lois fiscales.

Il est constant que le poids de la dette hypothécaire s'est allégé en Alsace depuis quelques années; cependant, on peut aisément reconnaître combien il pèse encore lourdement sur la propriété. L'hypothèque est loin, d'ailleurs, d'être le seul critérium qui permette de juger de l'étendue de cette dette.

Tel est donc le véritable mal auquel on doit s'attaquer, au point de vue de la constitution de la propriété : c'est l'*éparpillement* des parcelles qui constituent chaque propriété.

Agronomes, administrateurs, publicistes, s'en préoccupent vivement depuis quelque temps, et les sociétés d'agriculture d'Alsace ont cru devoir signaler le péril. On est conduit tout naturellement à porter ses regards vers les contrées voisines qui étaient affligées du même mal et qui ont su y remédier avec une énergie que le succès a couronnée. Rien ne s'oppose à ce que les moyens qui ont réussi de l'autre côté du Rhin ne réussissent pas de ce côté, et il n'est pas douteux que l'application intelligente de la loi allemande sur la réunion des parcelles ne devienne le point de départ d'une nouvelle ère de prospérité pour l'Alsace[1].

---

1. Comme exemple, nous citons la réunion territoriale opérée dans la commune de Hohenhaïda (Saxe).

Son territoire comprenait 589 hectares appartenant à 35 propriétaires. On y comptait 774 parcelles d'une étendue moyenne de 57 ares. La réunion réduisit le nombre des parcelles à 60, d'une superficie moyenne de 9 hectares 82 ares, traversées pour la majeure partie par un seul chemin. Le travail a été exécuté en un an et a coûté 3,126 fr. 25 cent., soit 5 fr. 23 cent. par hectare. Par la dimi-

Mais soit que l'on adopte le système des réunions territoriales, comme il est pratiqué en Allemagne, soit que l'on recoure à toute autre combinaison, il y a là une question qui mérite de retenir l'attention publique.

---

nution de la surface consacrée aux routes et aux clôtures, on a gagné 9 hectares 71 ares 58 centiares, c'est-à-dire plus que la dépense de la réunion territoriale : la conséquence de la réunion a été la nécessité d'agrandir tous les greniers pour recevoir l'augmentation des produits récoltés.

CHAPITRE VII.

LA VIE RURALE EN ALSACE.

Parmi les causes qui ont en quelque sorte engendré la richesse agricole en Alsace, s'il est juste de tenir compte des conditions heureuses du climat et du sol, il ne faut pas faire la part moins large assurément aux aptitudes de la population rurale pour le travail agricole, et à la prédilection marquée que ce genre d'occupation lui a de tout temps inspirée. Libéralement partagé par la nature, le sol alsacien n'a pas été moins bien traité par ses détenteurs. Et il pouvait difficilement en être autrement, dans une contrée où le goût de la propriété est à ce point répandu et enraciné. A elle seule, cette sorte de passion suffirait à expliquer l'importance que la vie rurale a eue de tout temps en Alsace, importance qui n'a point cessé de grandir.

Issu de races que dominait pour la plupart la soif de l'indépendance, l'Alsacien a été instinctivement conduit à aspirer à la propriété, signe et garantie la plus efficace de tous les droits, et à s'attacher au travail des champs. Il a joint à cet instinct des qualités précieuses pour en tirer parti, la patience, l'application et l'esprit de suite.

Enfin, les circonstances de son histoire politique et économique, l'organisation primitive de la propriété, les premières institutions rurales vinrent encore favoriser ces dispositions naturelles. De bonne heure, le nombre des propriétés privées fut considérable en Alsace, et les contrats censitiques ou colongers eurent de leur côté pour résultat d'assimiler à de véritables propriétaires la plupart des tenanciers. Les chefs ou dynastes devenus, à la suite de leur conquête, possesseurs de vastes domaines, trouvèrent leur intérêt dans ces contrats qui leur procuraient des revenus fixes et considérables moyennant amodiation de parcelles plus ou moins étendues. Pour la sûreté même de la créance, ils avaient intérêt à la proportionner aux ressources de chaque tenancier et par conséquent à multiplier les tenures pour mieux assurer les rentrées; la porterie, c'est-à-dire l'obligation pour les débiteurs de rentes d'un ban de choisir un collecteur chargé du payement pour tous, facilitait au propriétaire la perception de ses revenus qui se divisaient en unités infimes.

Ce n'était, il est vrai, qu'aliéner le domaine utile; mais c'était l'aliéner à perpétuité sous la simple réserve du domaine direct. Il suffit d'ouvrir le terrier de n'importe quelle commune de l'Alsace pour reconnaître combien ces contrats s'étaient répandus. Les parcelles soumises à des redevances y atteignent un chiffre considérable. «Toute fumée doit un chapon ou une poule,» était le dicton qui résumait la coutume en ce qui concernait la propriété bâtie. «Tout champ doit son cens» fixait, pour la généralité des biens cultivés, l'obligation à la redevance.

Ainsi tout avait conspiré à donner du prix à la possession du sol; l'intérêt même des seigneurs les avait conduits à faire de leurs colons de véritables propriétaires, en sorte que la Révolution, en abolissant la distinction entre le domaine utile et le domaine direct, n'a plus fait que consacrer une transformation que le cours des choses avait déjà à peu près accomplie. D'un autre côté, parmi les anciennes institutions rurales de l'Alsace, il en est une surtout, la colonge, organisation très-répandue dans toute la plaine du Rhin, qui venait contribuer puissamment à rendre la vie rurale attachante.

C'est un curieux sujet d'étude, celui que nous offrent ces antiques institutions rurales, mises récemment en lumière par les savantes recherches de l'abbé Hanauer et la discussion à laquelle les a soumises un jurisconsulte éminent, M. Ignace Chauffour. On sent vivre un peuple dans les documents qui ont mis ces institutions en lumière; on s'explique mieux encore quel vif intérêt la propriété a de tout temps excité en Alsace. Cette étude nous montre un grand nombre de communautés rurales dotées d'un ensemble de droits et de garanties, à une époque où elles n'avaient eu encore à demander ces franchises, ni à la faveur royale, ni à l'insurrection triomphante. Le bail colonger ne laissait pas isolés les preneurs au profit desquels l'emphytéose était constituée; il les unissait par un lien de solidarité pour le payement des redevances et organisait en même temps une juridiction en vertu de laquelle les tenanciers statuaient eux-mêmes sur les difficultés nées de l'exécution du bail. Ce contrat devenait ainsi une sorte de charte où se trouvaient stipulées les obligations des uns et limités les devoirs des autres. Ces communautés réglaient elles-mêmes les affaires de l'association et choisissaient le plus souvent dans leur sein les officiers qui représentaient la colonge; leurs membres, maîtres de disposer de leurs tenures, ne pouvaient être dépossédés sans la sentence de leurs pairs, ni voir leurs charges augmentées arbitrairement; enfin le tribunal ou la cour colongère, tantôt exerçait une juridiction bornée à la connaissance des questions foncières et des délits ruraux, tantôt l'étendait aux causes criminelles elles-mêmes. Comment ne pas être frappé de l'influence que de telles institutions étaient destinées à exercer sur la vie rurale en Alsace? Il est vrai que l'organisation colongère se modifia avec le temps et perdit de son importance. La prépondérance croissante des avoués, seigneurs guerriers dont le rôle avait d'abord été de protéger les colonges moyennant certains avantages, et la fondation des grandes communes et des villes libres et impériales réduisirent peu à peu la colonge à ce qu'elle avait été à l'origine, une simple association de fermiers, et ramenèrent sa compétence à la pure juridiction foncière. Mais, en dépit des nombreuses vicissitudes par lesquelles ont passé les institutions rurales de l'Alsace, on trouve dans cette province, au berceau même des communautés rurales, une large part faite à l'autonomie, à l'initiative individuelle et à la liberté, en un mot, à tout ce qui attache au sol et en rend la possession précieuse.

La littérature alsacienne, si nous l'invoquions, nous fournirait, de son côté, de curieux témoignages pour établir le goût qu'inspirait la vie rurale aux populations de cette province.

M. Chauffour nous a indiqué beaucoup de poëmes didactiques et satiriques, de chansons, de contes populaires, de proverbes, où l'on peut retrouver ces tendances nettement accusées. La plupart mettent surtout en lumière la passion de la propriété, le prix attaché à la franchise du sol. Au reste, il suffit, pour rendre cette vérité plus sensible, de rappeler les prétentions ou griefs que firent valoir les paysans alsaciens lors du *tumultus rusticanus* qui, après avoir couvé pendant trente-cinq ans, se termina tragiquement par les défaites de Scherwiller et de Saverne (1425-1490).

Lorsqu'on jette aujourd'hui les yeux sur la population agricole de l'Alsace et que l'on se propose d'étudier sa vie, on est frappé tout d'abord de la physionomie si variée qu'elle revêt. Il semble qu'elle se soit accommodée aux différents caractères du sol et qu'elle change avec les zones qui se partagent la province. Faut-il croire que les habitants des trois zones représentent trois populations distinctes et chercher dans l'ethnographie une explication de ces différences? Doit-on voir dans la région montagneuse les descendants des tribus gauloises refoulées, aux mœurs plus nomades, à l'esprit plus aiguisé, aux mouvements plus prompts; dans la région des collines, un mélange des races qui ont tour à tour occupé le pays, caractérisées par des habitudes plus sédentaires, une constitution plus robuste, et enfin faut-il trouver dans la plaine, et surtout aux abords du Rhin, le type germain ou franc pur?

Nous avouerons que nous ne sommes point tenté de prendre parti dans cette question d'origine, qui a eu pourtant le privilége d'occuper fort certains esprits. Ce serait à tort, d'ailleurs, que l'on rattacherait à ces trois types les différences qui se manifestent en Alsace dans les traits de la physionomie, les mœurs et les habitudes de la population agricole. Il y a eu d'autres causes qui ne sont pas moins saillantes, et, avant tout, celles qui déterminent la diversité des langues. A côté de la population allemande, en effet, se rencontre une population toute française. Par un singulier effet des événements, la chaîne des Vosges, qui sépare deux peuples fort différents d'origine, a vu se détacher toute une colonie du sein de sa région occidentale, colonie qui est venue peupler les vals d'Orbey, de Sainte-Marie-aux-Mines, de Villé, de la Bruche, situés sur le versant alsacien.

Malgré le voisinage et le contact des races germaniques, ces populations ont conservé depuis des siècles les mêmes mœurs, les mêmes habitudes, le même langage. La population française, dans une partie de l'arrondissement de Belfort, se distingue également par beaucoup de côtés des habitants de l'Alsace allemande. Enfin, il est une région toute particulière dont nous avons eu déjà occasion de parler, qui n'est pas moins originale par sa configuration physique que par le caractère de ses habitants, la région du Sundgau.

Ce n'est pas assurément un des traits les moins attachants que présente l'étude de la population rurale de l'Alsace que cette singulière variété de types; elle a lieu de frapper d'autant plus qu'il est peu de provinces aussi homogènes — exemple remarquable de l'injustice qu'il y aurait de confondre l'unité avec l'uniformité. — Mais, ce qui frappera plus encore un observateur attentif, c'est l'étroite correspondance qui existe, dans cette contrée, entre le caractère des habitants et les conditions physiques au milieu desquelles ils vivent. Sans doute on a souvent signalé cette influence, et on peut l'étudier ailleurs; mais elle offre peut-être un intérêt particulier en Alsace, où elle s'affirme, pour ainsi dire, à chaque pas, et où chaque région agronomique, ainsi que nous le faisions remarquer plus haut, offre un type différent. Ici, l'habitant des montagnes a l'esprit avisé et réfléchi, un peu méfiant, mais bon et hospitalier, à la fois lent et tenace, dur à toutes les fatigues avec une apparence souvent chétive, sobre et sachant vivre de peu;

l'homme des collines ou du vignoble, exubérant de force, volontiers disposé à l'expansion et à la joie, apportant la vigueur et l'entrain dans ses entreprises, fier de la contrée qu'il habite; l'homme de la plaine, plus calme et plus réfléchi, d'une énergie contenue, appliqué au travail, persévérant dans ses desseins et aimant la régularité; enfin l'habitant du Sundgau, nature hardie, entreprenante, prompte à la colère comme à la bonté, aux mœurs rudes et à l'esprit vindicatif, plein de qualités natives dépourvues de culture.

Il n'est pas sans intérêt de remarquer, en outre, les différences générales qui existent au point de vue du caractère des habitants entre la haute et la basse Alsace. On s'accorde d'ordinaire à reconnaître que les mœurs sont plus douces dans la basse Alsace, les esprits plus pacifiques, les caractères plus faciles. Se rapproche-t-on de la Suisse, parvient-on à une altitude plus élevée, on est en présence de caractères rudes, énergiques et pleins de spontanéité. Du reste, hâtons-nous de le dire, en dépit de ces contrastes, l'Alsace n'en présente pas moins un type qui résume toutes ces variétés, type qui ne se serait même pas beaucoup modifié, si nous en croyons des témoignages remontant à un ou deux siècles. Ne pourrait-on pas, en effet, appliquer encore aujourd'hui au paysan alsacien la peinture qu'en faisait au dix-huitième siècle M. de la Grange, lorsqu'il disait: «Si les habitants de ce pays sont bons et d'une humeur facile, ils veulent être un peu guidés et ne quittent pas volontiers leurs anciennes coutumes; ils n'ont pas naturellement l'esprit processif; ils aiment la paix.»

Les traits différents du caractère et des mœurs propres aux habitants des diverses régions qui se partagent l'Alsace, étaient, ainsi que nous venons de le voir, de nature à exercer une influence considérable sur la physionomie et l'organisation de la vie rurale dans ces régions, mais bientôt un fait nouveau qui n'a pas eu une action moins importante, et dont nous devons nous occuper s'est produit: c'est l'agglomération des exploitations rurales. En Alsace, en effet, hormis la région des montagnes et le Sundgau, la ferme isolée n'existe pour ainsi dire pas; on ne la voit point au centre des biens qu'elle est destinée à desservir. Dans les montagnes, en dehors d'un noyau plus ou moins important d'habitations qui constitue le village ou le bourg, tout est dispersé. Quelquefois ces fermes sont par groupes de quatre ou cinq, plus souvent elles sont jetées sur le versant des montagnes et jusqu'aux sommets. Hors de là, toutes les fermes se trouvent concentrées en un point.

Ce fait est évidemment trop peu conforme à l'ordre naturel des choses; il entraîne trop de complications pour n'avoir pas été commandé par les circonstances. On conçoit, en effet, l'aggravation de frais de toute sorte, le surcroît de fatigue qu'impose au cultivateur l'éloignement où il est de sa terre, située quelquefois à 3, 4, 5 kilomètres du village ou de la ville qu'il habite. Pour peu que l'on s'attache à rechercher les origines d'un fait si singulier, on est amené à lui assigner pour première cause, non pas seulement l'absence de sécurité qui aurait forcé les habitants des campagnes à se grouper et à se fortifier, mais la division de la propriété, que l'on rencontre au berceau même de l'agriculture alsacienne.

Comme nous avons déjà eu occasion de le dire, cet extrême morcellement tient, avant tout, à la nature du sol alsacien, à la diversité de ses aptitudes, à sa fertilité. Si loin que l'on remonte dans l'histoire de la propriété alsacienne, on trouve des corps de biens composés de parcelles disséminées dans plusieurs lieux (dits cantons) d'un même ban, ou même dans plusieurs banlieues limitrophes; ils consistent en prairies, champs, bouquets de bois, oseraies, vignes. C'était une idée très-arrêtée alors chez le cultivateur, qu'il devait avoir à sa disposition tous les genres de production nécessaires à sa consommation domestique. Ces corps de biens ne formaient donc une unité qu'autant qu'ils appartenaient à un même propriétaire, ou étaient attachés à une même emphytéose ou locatairie perpétuelle. Des constitutions colongères qui spécifient les terres données à bail nous montrent que le plus souvent les biens affermés se composaient d'un certain nombre de parcelles situées en différents endroits, et ne formant pas un tout compacte. Quelques ouvrages anciens nous donnent également des détails curieux sur cette organisation; ce sont, en particulier, le *Georgicum* de Leysse, et une disser-

tation de l'ancienne Université de Strasbourg, intitulée:
De indice prœdiorum rusticorum prœsertim in Alsatia.

Cependant, on peut induire des plus anciens documents du dixième et du onzième siècle qu'autrefois le nombre des exploitations isolées, des cours (*Höfe*) ou des fermes, comme on en rencontre dans la région des montagnes et dans le Sundgau, était infiniment plus considérable en Alsace; mais l'absence de plus en plus manifeste de sécurité, à partir du treizième siècle surtout, est venue hâter le mouvement de concentration dans les villes. Il faut y ajouter l'obligation d'avoir un même système d'exploitation des terres, obligation presque fatalement organisée par le morcellement, et qui rendait presque impossible l'installation de la ferme au centre des cultures.

Cette concentration, du reste, a eu le temps pour auxiliaire et ne s'est pas accomplie, comme on le présume, sans transition. Les premières agglomérations ont été peu importantes et, par cela même, plus nombreuses. Les bourgs ou les villes se sont formés par la réunion de ces groupes. Maint document de l'histoire d'Alsace permet de suivre ce mouvement. Un érudit allemand qui s'est livré sur cette question aux plus intéressantes recherches, croit pouvoir affirmer qu'en principe tout village, composé aujourd'hui de 1,200 habitants, est la réunion de deux villages, de trois, quand le chiffre de 2,000 habitants est dépassé.

La concentration a commencé et a été accélérée

par la guerre des Hongrois au dixième siècle et par
les guerres du douzième siècle ; elle s'est continuée
même après la guerre de Trente ans.

Lorsqu'il est question de cette absence de sécurité
devenue de plus en plus grande en Alsace, il ne faut
point perdre de vue la situation toute particulière de
cette province ballottée entre la France et l'Europe
pendant des siècles, partagée entre des autorités diverses, hérissée de juridictions, placée de façon à
justifier toutes les convoitises et, au point de vue de
sa situation géographique, offrant un champ clos à
toutes les querelles. Il n'est donc pas surprenant
qu'elle ait été désolée par des guerres incessantes.
Les prétentions grandissantes des avoués des colonges,
leur omnipotence, leurs exactions, ne contribuèrent
pas moins à rendre le séjour des campagnes peu sûr
et à provoquer une concentration de plus en plus
marquée de la population rurale dans les lieux forti-
fiés. Les chroniques de cette province fournissent des
exemples sans nombre des dévastations dont les
campagnes alsaciennes furent depuis lors les victimes. Bornons-nous à rappeler ce navrant témoignage du conseil souverain d'Alsace, qui attestait
que, de 1637 à 1648, c'est-à-dire à la fin de la guerre
de Trente ans, on trouvait à peine des villages habités entre Bâle et Strasbourg.

Mais quelle que soit l'origine de cette agglomération des exploitations rurales, les conséquences en
ont été énormes et peut-être décisives à certains

égards. Si tout d'abord, en effet, elle a eu, au point de vue agricole, une influence fâcheuse, elle n'a pas tardé à réagir dans un tout autre sens. Deux éléments, deux esprits se sont rencontrés dans ces centres de population dont l'importance a été croissante : l'esprit urbain et l'esprit rural. Les petites villes n'ont été d'abord que de grandes fermes; elles se sont peu à peu transformées. La réunion de tant d'intérêts a rendu possibles bien des entreprises dont l'isolement n'eût pas permis la réalisation. Ces bourgs, riches pour la plupart, sont devenus des centres. Chacun d'eux a commencé par attirer un concours plus ou moins considérable d'étrangers à ses marchés ; peu à peu, le goût de l'instruction, des arts même, s'y est développé. Il y a eu une vie énergique dans ces villes, dans ces fières petites républiques, où l'on discutait, où l'on agissait. Le peuple de laboureurs, de vignerons, qui en faisait le fond, y apportait ses habitudes actives et indépendantes, ses mœurs énergiques, sa hardiesse, sa fermeté.

Rien n'est frappant comme de rencontrer dans l'histoire d'Alsace, dès le quatorzième et le quinzième siècle, cette efflorescence de petites villes et de bourgs donnant à l'envi des hommes distingués à la province. Il y a là de véritables foyers de science. Les écoles se multiplient depuis le treizième siècle principalement, et l'on voit des villes, comme Rouffach, un simple chef-lieu de canton aujourd'hui, jeter un véritable éclat sur toute l'Alsace. Bien d'autres villes ou bourgs pourraient être cités encore : Schlestadt, Molsheim, par exemple.

D'un autre côté, ces centres nombreux et également importants ont eu encore cette bonne fortune de retenir dans leur sein les hommes riches et distingués, la petite noblesse. Aussi l'Alsace a-t-elle eu peu à souffrir de ce qui a été la plaie d'autres provinces et, en général, la plaie de l'agriculture française, c'est-à-dire de l'absentéisme, comme ç'a été le propre de presque toute l'Allemagne. La vie locale y a toujours eu assez d'attrait pour satisfaire les ambitions, pour exciter la généreuse activité des hommes de mérite, pour donner carrière à l'esprit d'entreprise, pour contenter la vanité elle-même. Il y a eu sans doute en Alsace de grandes, d'immenses fortunes territoriales. Il suffit de citer, outre les biens possédés par les abbayes, comme ceux de Munster, de Murbach, etc., les énormes domaines des princes-évêques de Strasbourg, des seigneurs de Ribeaupierre, et au dix-huitième siècle, des Mazarin, des d'Argenson, des de Rosen, des Hanau, des Deux-Ponts; mais, comme nous l'avons fait observer, ces domaines faisaient pour la plupart l'objet de baux emphytéotiques, et les fermiers étaient devenus de véritables propriétaires. D'un autre côté, il faut bien remarquer qu'en regard de quelques propriétaires très-importants qui n'habitaient point le pays et dépensaient dans les cours leurs opulents revenus, il y avait une aristocratie nombreuse, infiniment moins riche, il est vrai, mais qui ne quittait point la province et qui s'était identifiée avec la population rurale; bien différente de cette aristocratie pillarde et tyranniqué des treizième, quatorzième et quinzième siècles, elle avait su répudier à temps ces traditions et s'était concilié l'affection populaire qu'elle a su conserver même au milieu des tourmentes révolutionnaires. Au reste, ses représentants n'étaient point restés inactifs; ils avaient rempli des charges dans toutes ces petites villes, dans ces bourgs, et ces services la campagne les connaissait et elle s'en est souvenue à l'heure du péril.

On ne saurait se le dissimuler, c'est ainsi en grande partie du moins que s'est formé l'esprit alsacien; c'est grâce à ces conditions particulières qu'a pu prendre naissance et grandir sans cesse un développement intellectuel, tout naturellement appelé à réagir sur le développement économique du pays. C'est dans cette rencontre de deux éléments différents que se sont formés ces fortes individualités, cet esprit d'initiative et de progrès qui caractérisent l'Alsace, et que l'introduction de l'industrie devait achever et fortifier.

On le voit donc, une transformation, qui semblait au premier abord devoir être fatale au développement agricole de la province, a fini par le servir indirectement et le sert encore tous les jours en permettant à l'instruction de se répandre de plus en plus au sein de la population rurale; car, on l'a dit et l'on ne doit point cesser de le redire, le grand levier de tout progrès agricole est là.

CHAPITRE VIII.

LES DÉBOUCHÉS.

Heureusement servie à la fois par la nature et par les hommes, l'agriculture alsacienne a eu encore cette bonne fortune de rencontrer des débouchés qui se sont, pour ainsi dire, tout naturellement ouverts devant elle, et de commencer de bonne heure à produire sous le stimulant du marché. « De tout temps, dit un vieil auteur, l'Alsace a été appelée la cave à vin, la grange à blé, le garde-manger des pays environnants. »

Assise au bord d'un grand fleuve qui pouvait transporter rapidement et à bon marché ses produits et faciliter les plus lointains échanges, elle s'est trouvée bientôt en relations avec une partie de l'Europe, mais surtout avec toutes les populations riveraines du Rhin. Aussi les premiers intendants d'Alsace s'empressèrent-ils de signaler « ce gros débit de blé que la province fait en Suisse, les vins de la haute Alsace dont il se fait des envois considérables en Hollande, d'où ils sont portés en Suède et en Danemark, ses bois pour la construction des bâtiments et des navires également expédiés en Hollande, son tabac, ses eaux-de-vie, son vinaigre et maint autre produit vendus en Allemagne ». Et, dans un document bien postérieur, le ministre Necker constatait de nouveau le commerce étendu que faisait l'Alsace dans les pays étrangers avec lesquels elle communiquait librement. Il faut ajouter qu'à ces avantages la province joignait encore celui de se voir défendue par la chaîne des Vosges, alors difficile à franchir, comme par une sorte de rempart naturel contre la concurrence des produits similaires.

Maîtresse de vendre au dehors une grande partie de ses denrées agricoles, l'Alsace trouvait, dans la consommation sur place de ses produits, un débouché également considérable. De tout temps, sa population a atteint un chiffre important et a tendu à se développer. Après cette guerre de Trente ans, qui avait si fort épuisé la province, elle comptait plus de 250,000 habitants, et les mémoires du temps nous apprennent qu'avant les grandes guerres d'Allemagne le nombre des villages, familles et feux de la haute et basse Alsace montait à un tiers de plus. En 1784, elle avait 624,000 habitants. On y rencontrait un grand nombre de petites villes qui étaient autant de centres de consommation, et l'industrie et le commerce, déjà développés, y avaient rendu les capitaux abondants. Le commerce de transit était, pour la haute Alsace en particulier, une source de profits considérables : c'était la route la plus fréquentée par les marchandises venant de la Suisse, de l'Italie et du levant et destinées à la Hollande et au nord de l'Allemagne. Il était naturel que la transformation économique accomplie, surtout depuis le commencement de ce siècle, eût pour effet de modifier ces conditions.

La création des voies perfectionnées, la multiplication des chemins de fer, des canaux, inauguraient un ordre de choses tout nouveau.

La situation faite tout d'abord à l'Alsace par cette transformation, dont le résultat doit être, en somme, d'accroître indéfiniment la puissance du débouché, n'a pas laissé que d'être singulière.

En même temps, en effet, que cette province voyait le progrès des voies de communication se jouer des chaînes de montagnes et faire tomber la barrière qui l'avait pendant longtemps défendue contre la concurrence de l'intérieur de la France, et lui avait permis de vendre la plupart de ses produits, et notamment son blé, à des prix presque toujours supérieurs à ceux des autres marchés, elle se trouvait en présence de débouchés extérieurs singulièrement diminués, et quelques-uns même compromis par le système douanier qui prévalait. Elle voyait les produits similaires lui arriver par des chemins jusqu'alors à peu près fermés, et ses denrées agricoles détournées des voies qui leur étaient ouvertes. L'exportation du vin et celle du tabac, très-importantes depuis longtemps, furent les premières à s'en ressentir.

On peut encore aujourd'hui se rendre compte de

cette bizarre révolution, bien que l'agriculture alsacienne ait trouvé depuis lors, dans la consommation sur place de ses produits, un débouché qui s'est développé dans une proportion énorme et qui s'accroît sans cesse, comme nous allons le voir, avec l'introduction de l'industrie du coton. Mais arrêtons-nous d'abord à considérer quelques-uns des changements qui se sont produits dans les débouchés extérieurs. Il n'y a pas lieu de s'appesantir sur les modifications qu'a pu subir l'exportation du blé, puisqu'elle sera l'objet d'une étude spéciale. Nous ferons remarquer seulement que, cette production n'ayant pas suivi la même progression que la consommation sur place, il s'ensuit naturellement que son grand intérêt n'est plus dans l'exportation. Il n'en est pas de même du vin. Le vignoble d'Alsace produit en moyenne annuellement plus de 1,500,000 hectolitres, dont les deux tiers à peine sont consommés dans le pays. Quels sont les débouchés ouverts à cet excédant de production ? Le marché français ? Il n'a jamais offert aux vins d'Alsace de réelles facilités de placement. Ou le goût des consommateurs ne les favorise pas, ou ils se trouvent systématiquement écartés par des vins blancs provenant d'autres crus avec lesquels ils offrent beaucoup d'analogie, mais que la vogue a mieux servis. En aucun temps, du reste, il faut bien l'avouer, les vins d'Alsace n'ont été fort estimés en France. On les voit répandus, dès le quatorzième siècle, selon le témoignage d'une ancienne chronique, « chez les

Souabes, les Bavarois, les Anglais et même chez les Espagnols, qui les payaient un haut prix ». Ils sont surtout très-appréciés en Suisse, mais aucun document ne les montre recherchés en France, où la préférence a été donnée constamment à des produits d'un goût tout autre.

Détourné du marché français, le vignoble alsacien avait autrefois cherché principalement ses débouchés en Allemagne et en Suisse. Grâce au chiffre relativement très-peu élevé qui pèse en Suisse sur l'entrée des vins, ce débouché a été maintenu, mais il ne peut être que très-insuffisant. Reste l'Allemagne. Tout semble y devoir favoriser le placement des vins d'Alsace ; l'absence complète de vignobles dans une notable partie de la contrée, le haut prix qu'y atteignent les vins, l'ancienneté des relations et enfin l'analogie des crus alsaciens avec les crus allemands, toutes ces conditions favorables ont malheureusement été rendues vaines par les droits élevés que le Zollverein a maintenus à l'entrée sur nos vins. Un droit de 70 francs par hectolitre, établi dès 1821, équivalait à une prohibition absolue. Lors des négociations entreprises pour la conclusion récente du traité de commerce entre le Zollverein et la France, des efforts ont été tentés pour modifier cet état de choses ; ils n'ont abouti qu'à faire descendre le droit de 70 francs à 35 francs. Que l'on ajoute à ce chiffre les frais de transport et de commission, et l'hectolitre de vin d'Alsace arrivera dans une ville d'Allemagne, grevé d'une dépense de 45 à 50 francs. C'est encore une prohibition réelle.

Ce débouché si important s'est donc trouvé à peu près fermé depuis cinquante ans au vignoble alsacien, et le dommage qu'il en éprouve n'a fait que s'aggraver. Si l'Alsace, en effet, ne rencontre point de débouchés dans l'intérieur et dans le midi de la France pour ses produits vinicoles, elle y trouve une concurrence qui devient chaque jour plus redoutable, et qui partage, si elle n'absorbe pas déjà à son profit, l'augmentation de la consommation locale. Le bon marché extraordinaire des vins du Midi les fait entrer promptement dans la consommation, et le chiffre des importations qui en ont été faites en Alsace depuis deux ans est énorme.

Une telle situation préoccupe à juste titre les populations viticoles de l'Alsace, et l'on ne saurait se défendre de regretter que l'on n'ait pas cru possible, lors de la conclusion du traité de commerce avec le Zollverein, de réduire le droit exorbitant de 35 francs par hectolitre à un chiffre qui permît au moins l'exportation.

C'est donc, on vient de le voir, la tendance de la viticulture alsacienne de reconstituer ses anciens débouchés. On trouve quelque chose de cette tendance, bien que dans une mesure toute différente, chez les planteurs de tabac. D'après un mémoire cité plus haut, l'Alsace faisait, au dix-huitième siècle, une exportation considérable de tabac. M. de Lagrange nous apprend, en effet, que les fabriques de tabac s'étaient si fort multipliées dans la ville de Strasbourg qu'il y était employé jusqu'à 1,500 personnes par jour et que le débit en avait été de 1,200 quintaux par semaine, dont les deux tiers passaient en Allemagne et l'autre en France par la Lorraine.

Cette culture a continué à être une des plus riches de l'Alsace; seulement, la fabrication du tabac étant devenue en France un monopole entre les mains de l'État, la culture de cette plante dut nécessairement être soumise à des conditions particulières. Le premier résultat de ce régime fut d'amener la prohibition d'exporter. En effet, l'exportation admise, l'administration des tabacs s'exposait à voir les produits vendus à l'étranger revenir lui faire concurrence sur le marché français, grâce à une contrebande qu'elle se déclarait impuissante à combattre efficacement. Cependant l'Alsace, par suite des circonstances particulières où elle s'était trouvée placée, a pu obtenir certains tempéraments à cette règle absolue. La faculté de planter du tabac pour l'exportation a été admise pour quelques localités, mais à titre d'exception et de pure tolérance.

Les planteurs ne se sont point tenus pour satisfaits. Ils ont vu dans ce régime un obstacle formel à l'extension de la culture du tabac prise entre les exigences de l'administration, maîtresse absolue du marché, et la prohibition générale d'exporter. L'intérêt de l'administration, à leurs yeux, n'est plus aujourd'hui de pousser au développement de la culture du tabac, si avantageuse qu'elle puisse être pour l'Alsace. Comme l'administration reçoit les livraisons de plusieurs départements, autorisés, sur de vives instances, à cultiver le tabac, elle ne peut faire entrer l'Alsace que pour un chiffre limité dans le calcul de ses approvisionnements. Dès lors, quel besoin a-t-elle de ménager les planteurs? Elle a plutôt lieu, en se montrant très-difficile pour la livraison des feuilles, en étendant le plus possible les catégories de tabacs non marchands, à les amener à restreindre la production et à l'accommoder exactement à ses besoins.

La faculté d'exporter librement des tabacs serait donc, d'après les planteurs, plus nécessaire que jamais; et, dans tous les cas, elle devrait être admise au moins pour les tabacs que l'administration considère comme n'étant pas marchands. Ainsi se manifeste encore une fois l'effort de l'agriculture alsacienne pour ses anciens débouchés.

Mais, à côté des restrictions qu'a pu rencontrer la vente de quelques produits, nous avons hâte de placer l'immense accroissement du débouché pour la masse des denrées agricoles. L'augmentation constante de la population, l'accès de tous les centres de consommation rendu facile par le progrès des voies de communication, et surtout l'expansion de l'industrie et du commerce, se sont en quelque sorte réunis pour déterminer ce résultat. Depuis le commencement de ce siècle, le rapport de la population agricole à la population totale n'a point cessé de descendre, ce qui revient à dire que le nombre des consommateurs a grandi constamment.

Il faut surtout attribuer l'origine de ce fait important, qui est partout le signe de l'accroissement de la richesse agricole, au développement industriel et commercial.

Lorsque l'on parle du mouvement industriel de l'Alsace, l'esprit se reporte de suite à cette prodigieuse extension de l'industrie du coton, née avec ce siècle, et qui constitue aujourd'hui l'une des branches les plus importantes de l'activité sociale. Pour les personnes qui aiment à remonter aux origines des industries, l'Alsace offre assurément un curieux problème à résoudre. Comment et pourquoi la fabrication du coton a-t-elle fait de cette province le siége d'une activité si suivie et si florissante? Assurément l'Alsace paraissait de toutes les provinces de la France la moins propre à déterminer un tel choix. Elle est à 180 lieues du Havre, d'où elle tire ses cotons; à 120 lieues de Paris, où elle débite la plus grande partie de ses tissus. Elle n'a dans son voisinage ni le marché d'approvisionnement ni le marché d'écoulement, et elle supporte à ce titre la charge des distances. Par quel secret la fortune de son industrie double a-t-elle non-seulement pu se maintenir, mais s'accroître?

On l'a dit avec raison, deux conditions ont amené ce résultat: le bénéfice des traditions, d'une part, c'est-à-dire le rayonnement, l'influence d'une ville qui sut de bonne heure s'approprier une fabrication spéciale et l'adapter à son génie, et, d'autre part, l'aptitude des hommes. Aucun exemple, aucune contrée n'a jamais su montrer d'une façon plus éclatante ce que peut l'initiative individuelle jointe à l'esprit de suite. En 1803, la filature du coton est à ses premiers essais; l'emploi de la vapeur comme moteur est une nouveauté; en 1825, l'importance de cette fabrication est de 22 millions de francs et le nombre des ouvriers employés s'élève à 12,000. Aujourd'hui, elle représente le quart de la production française et occupe 35,000 bras. Et ce n'est là qu'une des branches de cette industrie. En 1828, les trois branches réunies de l'industrie du coton représentaient, comme importance de fabrication, une somme de 74 millions de francs; aujourd'hui ce chiffre est de 180 millions; le nombre d'ouvriers employés par ces industries n'est pas loin de 74,000 personnes.

Cette masse de travailleurs reçoit annuellement environ 34 millions de salaire, c'est-à-dire une somme qui représente à peu près le cinquième du revenu brut de la propriété foncière.

Un si grand et si rapide développement industriel ne pouvait manquer de réagir sur l'augmentation de la population.

De 1806 à 1866, la population du Haut-Rhin, qui est le siége principal de cette extraordinaire activité, s'est élevée de 336,940 habitants à 530,285, et une seule ville, celle de Mulhouse, dont la population était, en 1782, de 7,000 habitants, a atteint le chiffre de 70,000 âmes aujourd'hui.

La population du Bas-Rhin, où le mouvement industriel est loin d'avoir pris le même développement, s'est accrue dans une proportion bien moins frappante; elle n'a augmenté, de 1806 à 1866, que de 100,000 habitants.

Il est facile de se rendre compte de l'influence qu'étaient destinées à exercer sur la vente des denrées agricoles de grandes agglomérations de 60,000 âmes, comme celle dont nous venons de parler; et ce n'est point là un exemple unique : les centres industriels se sont multipliés dans le Haut-Rhin surtout, et ils ont vu se grouper autour d'eux une population nombreuse; ce sont Thann, Guebwiller, Wesserling, Sainte-Marie-aux-Mines, Munster, dans le Haut-Rhin; Bischwiller dans le Bas-Rhin, etc. De là une demande constante de produits, et de là aussi une source considérable de bénéfices pour l'agriculture. En effet, partout le prix des denrées a subi une progression continue. L'augmentation a été d'un tiers depuis trente ans, et elle a été suivie par le taux de la rente et des salaires agricoles.

Dans ce même laps de temps, de 1830 à 1860, où l'industrie du coton voyait doubler et tripler le chiffre de sa production, le nombre de ses ouvriers et la somme de ses salaires, la rente de la terre montait de 75 ou 100 francs par hectare à 100 ou 150 francs, et cet accroissement était surtout frappant dans la région manufacturière. Mais ce n'est pas seulement par l'extension du débouché que le développement industriel a réagi puissamment sur la situation de l'agriculture alsacienne.

Par la manière dont l'industrie du coton s'est distribuée dans la province, elle recrute, comme nous avons déjà eu occasion de le dire, un grand nombre de ses ouvriers dans les campagnes. Et l'on a vu combien l'élévation des salaires industriels, les épargnes qu'ils permettent de réaliser, ont facilité à des ouvriers l'accès de la propriété, objet constant de leur ambition. Les capitaux créés par l'industrie ont ainsi reflué vers le sol sous deux formes différentes. Et il est digne de remarque que l'ambition de l'ouvrier a été partagée par le chef d'industrie. Les manufacturiers les plus importants de l'Alsace sont aussi de grands propriétaires agriculteurs; ils ont tenu à employer à des acquisitions foncières une partie de la fortune gagnée dans l'industrie. Plusieurs d'entre eux ont pris à cœur de poursuivre dans les travaux agricoles le succès qui les avait favorisés dans la carrière industrielle. Tout le monde connaît en Alsace les belles exploitations de MM. Jourdain à Altkirch, et Gros à Ollwiller. Et, si nous voulions nous occuper d'autres industriels, nous rencontrerions là encore des hommes qui ont su allier merveilleusement à des aptitudes industrielles éminentes l'amour et le génie de la science agricole. Cette alliance ne saurait trouver de type plus accompli que celui que nous offre le département du Bas-

Rhin dans les personnes, d'un côté, de M. Lebel de Bechelbronn, et, de l'autre, de M. Schattenmann, administrateur des mines de Bouxwiller, dont le nom et les travaux ont depuis longtemps dépassé les frontières de la France. Jaloux d'expérimenter et de vulgariser toutes les découvertes utiles, les procédés perfectionnés, les méthodes nouvelles, n'hésitant pas à consacrer parfois des capitaux importants à faire des essais, communiquant autour d'eux l'esprit de progrès qui les anime, et parvenant ainsi à triompher souvent de la routine, ces industriels agriculteurs ont contribué de plus d'une manière assurément à précipiter le progrès agricole. Il semble que leur exemple devait suffire pour démontrer combien est illusoire l'antagonisme fatal que l'on s'est plu à imaginer parfois entre l'agriculture et l'industrie. On vient de voir par des faits quelles ont été les conséquences du développement de la richesse industrielle en Alsace, et il serait presque vain de chercher à établir combien ce développement, qui apportait avec lui des débouchés et des capitaux, a été avantageux pour l'agriculture, si les circonstances n'avaient contribué à entretenir en Alsace une certaine rivalité entre les deux éléments. Ces circonstances, dont nous aurons lieu de parler plus loin, n'ont eu fort heureusement qu'un caractère passager, et elles disparaîtront avec les préventions déjà très-affaiblies qui les ont fait naître. Tous les faits s'accordent d'ailleurs plus que jamais à faire ressortir par combien de côtés l'agriculture et l'industrie se tiennent, se ressemblent et ont des intérêts solidaires, et l'avenir paraît leur faire une loi impérieuse de s'unir chaque jour davantage.

C'est certainement à la rencontre en Alsace de ces deux éléments et à leur développement qu'il faut attribuer en grande partie les rapides et si importants progrès que les voies de communication ont pu y réaliser. C'était pour l'industrie surtout, dans les conditions toutes particulières où elle se trouve placée, une véritable question de salut ou de mort. On ne doit donc pas s'étonner que la première voie ferrée dont l'Alsace ait été dotée soit le résultat de son initiative. En effet, le chemin de Strasbourg à Bâle, concédé en 1838 et achevé en 1844, a été l'œuvre de quelques industriels. Et il est à noter que c'est le premier chemin de fer d'une telle longueur qui ait été concédé et exécuté en France.

Depuis lors, les voies ferrées n'ont cessé de se multiplier dans la province. Plusieurs lignes sont concédées qui doivent relier Belfort, Guebwiller et Munster à Colmar.

Les ressources que procure la navigation par eau n'ont pas été dans la province plus négligées que les chemins de fer. La basse Alsace ici encore est mieux dotée que la haute Alsace. La longueur totale des voies navigables ou classées navigables dans le département du Bas-Rhin atteint 379,735 mètres et comprend sept cours d'eau, dont l'un complète une grande ligne de navigation de l'ouest à l'est par

Paris, joignant la Seine au Rhin et le Havre à Strasbourg.

Le Haut-Rhin ne compte que le canal du Rhône au Rhin, dans un développement de 141 kilomètres, et un canal tout récemment exécuté, qui met la ville de Colmar en communication avec les bassins houillers de la Prusse par le canal de la Sarre.

Il faut le reconnaître, le département du Bas-Rhin, le moins industriel des deux départements qui composent la province, s'est piqué dans cette entreprise d'une véritable émulation; Strasbourg s'est vue bientôt le centre des trois lignes de fer importantes qui l'ont mise en communication avec Paris, Mayence et Bâle. Ces lignes offrent un développement de 157,810 mètres. Un embranchement sur Kehl a mis Strasbourg en rapport direct avec la ligne d'Allemagne.

Dès 1857, l'ensemble des populations du Bas-Rhin desservies dans un rayon de 6 kilomètres au maximum par des voies ferrées était de 333,213 habitants, c'est-à-dire les trois cinquièmes de la population totale. A cette époque, la moyenne des chemins de fer exploités en France pour 100,000 habitants était de 18 kilomètres, et cette même moyenne était de 28 kilomètres dans le Bas-Rhin.

Cependant ces grandes lignes laissaient en dehors de leur parcours un grand nombre de chefs-lieux de canton et de communes considérables qui ne se trouvaient pas desservis.

Un administrateur aussi éclairé qu'habile dont le

département du Bas-Rhin ne saurait plus oublier l'infatigable activité et les services, M. Migneret, conçut la pensée, pour remédier à cet état de choses, de créer un réseau de chemins vicinaux réunissant chaque chef-lieu aux lignes ferrées existantes et exécutés pour une seule voie, dans des conditions telles qu'on pût les livrer à la Compagnie de l'Est ou, à son défaut, à l'industrie locale pour y poser des rails et les exploiter.

Le conseil général du Bas-Rhin fit un accueil empressé à cette proposition, et, le 25 septembre 1864, le département inaugurait le premier réseau des chemins vicinaux convertis en voies ferrées, à Barr, Mutzig et Wasselonne, tous centres importants, à la fois agricoles et industriels, sur une longueur totale de 67 kilomètres.

On sait quelle a été, depuis lors, la fortune de cette combinaison qu'une loi a consacrée et qui est mise en pratique sur plusieurs points de la France.

Le Haut-Rhin compte environ 200 kilomètres de voies ferrées. Un chemin de fer vicinal y a été construit de Schlestadt à Sainte-Marie-aux-Mines, venant se souder à la ligne de Strasbourg à Bâle, et plusieurs autres ont rendu non moins de services à l'agriculture qu'à l'industrie.

Cependant aucun progrès n'a pu servir plus efficacement l'agriculture, au point de vue de l'accroissement du débouché, que la transformation merveilleuse qui s'est accomplie, depuis quelques années surtout, dans la petite viabilité. Assurément le perfectionnement des voies navigables naturelles, le creusement des canaux, la construction des chemins de fer devaient imprimer au mouvement général des affaires une impulsion que rien n'eût suppléée. Mais, on le conçoit, les avantages mêmes que devaient amener la rapidité inaccoutumée des transports et la réduction des frais qu'ils entraînent, se seraient trouvés en partie paralysés, si les progrès ne s'étaient pas fait sentir jusque dans l'ordre des voies de communication les plus humbles.

Il n'importait pas seulement que les routes impériales et départementales fussent multipliées et améliorées, il fallait qu'il en fût de même des chemins vicinaux et ruraux. C'est sous ce rapport surtout que d'immenses progrès ont été réalisés en Alsace et que la puissance du débouché a été accrue.

Il y a vingt ans à peine, on est unanime à le reconnaître, «la moitié des villages étaient, pendant la mauvaise saison, à peu près inabordables; les travaux de l'agriculture étaient entravés par la difficulté de porter les engrais sur les terres; les produits des récoltes n'arrivaient au marché voisin qu'à grand renfort d'attelages. Aujourd'hui tous les cantons des deux départements sont traversés par plusieurs chemins vicinaux de grande ou de moyenne communication, véritables routes départementales, à la dénomination près, et dont la longueur, parvenue au degré d'un bon entretien, présente un développement supérieur à celui des routes impériales ou départementales

5.

réunies. Aujourd'hui, il n'est pas une commune, pour ainsi dire, qui n'ait un ou plusieurs chemins vicinaux la reliant aux routes impériales et départementales et aux chemins de fer.» L'ensemble des routes et des chemins vicinaux dans le Bas-Rhin atteint en ce moment le chiffre de plus de 4,000 kilomètres. D'après une statistique de 1857, il comptait en moyenne une longueur totale de 918 mètres de routes et chemins par kilomètre carré de la superficie du territoire. Et, s'il est vrai, comme l'a affirmé une autorité compétente, qu'une moyenne de 1 kilomètre courant de bons chemins publics par kilomètre carré soit le but à atteindre, on peut s'assurer que le Bas-Rhin n'est pas loin de cet idéal.

Quant au département du Haut-Rhin, la longueur des routes impériales et départementales s'élève à près de 900 kilomètres, et il compte en ce moment un réseau de chemins vicinaux comprenant plus de 1,500 kilomètres.

Assurément, avec un tel développement d'excellentes voies de communication, il ne peut plus exister un centre agricole, si perdu qu'il soit, sans débouché. Partout les producteurs sont rapprochés des consommateurs. Les denrées agricoles peuvent être amenées rapidement et économiquement dans les grands centres de population qu'elles doivent approvisionner. Si elles sont destinées à être exportées dans l'intérieur de la France ou au dehors, des chemins de fer et des canaux leur facilitent l'accès des marchés les plus éloignés.

Nous ne voulons pas dire assurément qu'il ne reste plus rien à faire; mais il est hors de doute que cet état de choses témoigne d'un développement économique des plus considérables et donne la raison des progrès accomplis à l'aide de ces ressources.

On s'explique que l'agriculture alsacienne a pu trouver son avantage dans des cultures souvent fort coûteuses, qu'elle n'a point reculé devant de gros sacrifices pour améliorer ses procédés, augmenter les rendements et surtout pour se concentrer sur la production des denrées les plus demandées. Ayant la certitude de pouvoir vendre tous ses produits, il était naturel qu'elle se préoccupât et de produire davantage et de produire plus économiquement. Dans de telles conditions, que l'agriculture s'en soit ou non rendu compte, elle s'est singulièrement rapprochée de l'industrie.

Par un effet naturel, le débouché assuré et régulier a amené le perfectionnement de certaines productions, et ce perfectionnement lui-même a servi à étendre le débouché. La culture du houblon offre un frappant exemple de ce fait. C'est une culture coûteuse et qui ne pouvait se faire avec profit qu'en présence de débouchés assurés. Surexcitée par l'immense développement de la fabrication de la bière, cette culture s'est assez perfectionnée pour attirer l'étranger et favoriser de grandes exportations de houblon en Angleterre.

Le fait est plus frappant encore en ce qui concerne les produits de laiterie. L'abondance de la demande , la valeur toujours croissante de ces produits, n'a pas tardé à amener l'extension des cultures fourragères et la multiplication des animaux. D'autres cultures moins avantageuses ont perdu de leur étendue, et l'on voit aujourd'hui telles familles qui ne subvenaient autrefois à leur entretien qu'au moyen de la production des céréales, vivre exclusivement de la vente des produits de laiterie.

Nous venons de parcourir les principales conditions qui ont servi à provoquer et à précipiter le développement de la richesse agricole en Alsace. Ce développement a rencontré un concours de circonstances éminemment favorables, on ne le saurait contester; mais il a rencontré aussi des entraves et il a subi des retards. Nous avons déjà eu occasion de signaler un de ces obstacles, en parlant de la dispersion des parcelles exploitées par le même propriétaire. Il en est d'autres encore; et le moment est venu de les étudier.

CHAPITRE IX.

DE L'AMÉNAGEMENT DES EAUX.

Dans une contrée à laquelle on a reproché à bon droit l'insuffisance de son bétail de rente et de sa production en grains; dans une contrée qui a, par conséquent, le plus pressant intérêt à développer ses ressources fourragères, l'importance exceptionnelle d'un bon aménagement des eaux s'explique aisément, et l'on n'a pas lieu de s'étonner que la question des irrigations et tous les problèmes qui se rattachent à ce puissant moyen d'amélioration agricole y tiennent le premier rang parmi les préoccupations de la population rurale.

L'Alsace est, sans contredit, une des provinces de France les plus heureusement partagées au point de vue hydrographique. Borné d'un côté, dans toute son étendue, par un des plus grands fleuves de l'Europe, et, de l'autre, par une vaste chaîne de montagnes élevées, qui reçoit annuellement plusieurs milliards de mètres cubes d'eau pluviale, et envoie dans la plaine de nombreux cours d'eau, traversé, dans sa plus grande longueur, par une rivière considérable qui coule parallèlement au Rhin, découpé, enfin, par de grands et magnifiques canaux, il semble que, avec l'esprit pratique et l'intelligence de ses habitants, ce pays ait dû trouver sans peine, dans ces avantages naturels, un merveilleux accroissement de sa prospérité agricole. Mais ici encore il faut que des travaux intelligents, que d'habiles mesures administratives viennent assurer la répartition équitable de cette richesse entre les intérêts divers qui ont droit à en profiter.

Les deux départements du Bas-Rhin et du Haut-Rhin offrent entre eux, au point de vue de la physionomie hydrographique, de frappantes analogies. Tous deux présentent une série de petits bassins formés par les vallées, encaissés dans la région montagneuse, puis deux grands bassins qui se partagent toutes les eaux qui arrivent dans la plaine. Le nombre des vallées ayant une réelle importance y est à peu près le même, c'est-à-dire de dix à quatorze. Quelques différences pourtant les distinguent. Le Bas-Rhin compte un plus grand nombre de canaux exécutés de main d'homme et susceptibles de fournir une certaine quantité d'eau, soit à l'irrigation, soit aux usines. D'un autre côté, dans le Haut-Rhin, tous les torrents qui descendent des Vosges sont arrêtés et absorbés par la rivière l'Ill; aucun d'eux n'arrose la partie de la plaine comprise entre l'Ill et le Rhin. Tout au plus voit-on, et encore sur un faible parcours, quelques ruisseaux couler dans cette plaine déjà très-sèche par la nature de son terrain. Au contraire, dans le département du Bas-Rhin, parmi les torrents qui descendent des Vosges, une partie seulement se jette dans l'Ill; et les autres, c'est-à-dire tous ceux qui descendent de la partie septentrionale des montagnes, vont se jeter directement dans le Rhin.

En dehors de ces cours d'eau qui offrent une importance véritable, les deux départements possèdent un grand nombre de ruisseaux; le Bas-Rhin, à lui seul, n'en compte pas moins de deux cents.

Quant à l'importance du volume moyen des eaux des dix ou douze torrents fournis par la chaîne des Vosges, elle varie, dans le Haut-Rhin du moins, de 400 litres par seconde à 2,500 litres. D'après les observations les mieux faites, on peut évaluer à près de deux milliards de mètres cubes, soit de 5 à 6 millions par jour, le volume des eaux qui arrivent chaque année de la région des montagnes et des collines dans la plaine d'Alsace. Le Rhin, pour son compte, apporte en moyenne un million de litres d'eau par seconde et 4 à 500,000 litres dans les temps de sécheresse. Quant à l'Ill, elle débite de 70 à 80,000 litres par seconde. La plupart des pentes sont variables, surtout celles qui descendent des Vosges; et il y a lieu de constater que la profondeur, la vitesse et la section d'eau de chaque rivière n'ont rien de constant ni de régulier [1].

---

1. Le Rhin présente, entre son entrée et sa sortie de l'Alsace, une différence de niveau de 156 mètres et il coule avec une vitesse qui varie de 1^m,50 à 2^m,85 par seconde. Les eaux qui passent sous le pont de Kehl charrient une quantité de limon qui pourrait couvrir,

On peut aisément se rendre compte, en présence de ces données, de l'importance que les cultivateurs alsaciens durent attacher à l'emploi des eaux et des efforts qu'ils ont faits pour en profiter dans toutes leurs vallées si bien disposées pour fournir de beaux herbages et de plantureux pâturages.

Dans les montagnes et les collines, il n'est point de cours d'eau qui ne soit utilisé pour l'arrosage des prairies ; et le cultivateur ne recule devant aucun labeur pour étendre ces arrosages dans la mesure que comporte le régime légal des irrigations. Toutefois, on y remarque fort peu de travaux hydrauliques de quelque importance exécutés spécialement en vue des irrigations. L'absence d'ouvrages de ce genre peut s'expliquer, il est vrai, pour les vallées étroites des Vosges ; dans la plaine, et notamment dans la partie comprise entre l'Ill et le Rhin, les irrigations, quoique plus nécessaires, sont plus rares.

Dans les conditions actuelles, la surface des terrains régulièrement irrigués en Alsace est évaluée à 28,000 hectares environ [1] ; c'est le sixième de l'étendue totale des prairies. On observera que les traits

chaque année, 1,000 hectares ou 10 kilomètres carrés d'une couche de 10 centimètres. Quant à l'Ill, sa pente est moins forte ; elle est de 8 dix-millièmes par mètre, mais elle charrie un limon plus fertilisant que le Rhin. — Voyez un mémoire de M. Charles Grad sur le débit des cours d'eau de l'Alsace dans les *Comptes rendus de l'Académie des sciences*, 15 octobre 1866, page 653.

1. 10,169 hectares dans le département du Bas-Rhin ; 17,316 hectares dans le département du Haut-Rhin.

qui y caractérisent la pratique des arrosages sont ceux que l'on rencontre sur le versant opposé des Vosges et dans la plupart des contrées septentrionales. L'irrigation à grands volumes d'eau y prédomine; on compte, en effet, qu'il faut, pour l'arrosage normal d'un hectare de prairie naturelle, de 4,000 à 5,000 mètres cubes d'eau au moins par an. Dans la pratique même, le minimum est toujours dépassé; et, quand l'eau abonde, on va jusqu'à tripler, quadrupler et même décupler ce volume en multipliant les arrosages. Quand on n'a pas beaucoup d'eau, on ne fait des arrosages qu'en avril et mai pour les foins; on les répète en juillet et en août pour les regains. A chacune de ces époques, on donne à la prairie quatre ou cinq arrosages, consommant par hectare de 400 à 500 mètres cubes d'eau chaque fois, soit une tranche d'eau de 4 à 5 centimètres de hauteur.

On s'est souvent demandé, en comparant les méthodes du Nord à celles du Midi, si la grande consommation d'eau en usage dans les irrigations des Vosges et des pays septentrionaux n'était pas excessive, abusive, et si elle ne provenait pas d'un défaut d'habileté dans l'emploi de ce puissant moyen de production. Il est facile de se rendre compte des causes qui interviennent et obligent le cultivateur du Nord à opérer d'une autre manière que celui du Midi.

Si, en effet, dans les régions méridionales où l'irrigation produit de si merveilleux résultats, comme en Égypte, en Espagne, en Italie, dans la Provence, les arrosages se réduisent à des débits d'eau beaucoup plus faibles, cela tient aux conditions toutes particulières dans lesquelles se trouvent ces contrées. L'irrigation y a pour objet principal d'empêcher le sol de se dessécher, de se durcir, et de fournir l'eau nécessaire à la puissante activité de la végétation : il suffit, dans ces conditions, d'imbiber la terre pour obtenir ce résultat. Ce ne sont pas seulement les prairies qui exigent l'irrigation pour pouvoir exister et donner des récoltes convenables, les terres arables, les champs de froment, la vigne et les plantations d'olivier même la réclament dans les régions chaudes; l'irrigation agit donc dans ces dernières contrées physiquement, en donnant au sol la moiteur, les qualités indispensables à la vie du végétal, et physiologiquement, en fournissant aux plantes l'eau nécessaire à l'énorme évaporation qui se fait à la surface de leurs feuilles et à l'élaboration des principes organiques activée par une température élevée et une lumière très-vive. Peut-être cependant, et ce n'est là qu'une simple présomption, à cette double action s'en ajoute-t-il une troisième : la production plus abondante de nitrate dans les eaux d'irrigation du Midi.

A peu d'exceptions près, les irrigations ne servent pas, dans les pays méridionaux, à apporter des engrais au sol : aussi on est obligé, à moins que le sol ne soit d'une grande fertilité, de fournir aux terrains arrosés des fumures fréquentes et considérables pour donner aux plantes cultivées les principes minéraux et azotés qu'elles prélèvent en très-grande abondance dans la terre irriguée.

En Alsace et dans les contrées septentrionales, le rôle de l'irrigation n'est plus le même; ce qui était le but principal dans le Midi devient ici l'accessoire, et *vice versa*. Dans le Nord, en effet, les plantes cultivées n'ont plus les mêmes besoins. La température est de beaucoup moins élevée pendant la période de la végétation, l'air est moins brûlant, les vents moins desséchants. Le sol n'est jamais exposé, comme en Espagne et en Afrique, à se durcir de manière à étreindre comme dans un étau de fer le collet et les racines des plantes et à rendre toute végétation impossible; le sous-sol garde toujours une certaine fraîcheur qui permet aux plantes d'y puiser les sucs nourriciers, de les élaborer; enfin, le soleil étant moins ardent, la lumière moins intense, l'activité vitale des végétaux est moins grande, le besoin d'eau pour rafraîchir le sol, pour alimenter les plantes, est donc moins impérieux, moins considérable dans le Nord. Les pluies suffisent pour satisfaire à tous les besoins de nos vignes et de nos autres cultures. Elles sont même souvent suffisantes pour les prairies. Tel est le cas de l'Angleterre, de la Hollande, de la Normandie, du Holstein; c'est encore celui des régions hautes des montagnes. En Alsace, où l'on jouit d'un climat plus sec, elles sont plus rarement suffisantes; aussi les récoltes des prairies non arrosées y sont-elles précaires. On a constaté que les prairies non irriguées, quand elles sont bien soignées, bien fumées ou amendées par des composts, donnent une bonne récolte si, du 1er avril au 31 août, il tombe 430 millimètres de pluie, soit 4,300 mètres cubes d'eau par hectare. La récolte est mauvaise quand, dans la même période, il n'en tombe que 2,250. Cette donnée[1] justifie le minimum d'eau employée par les irrigateurs alsaciens; elle prouve même que 4,300 mètres cubes, en huit ou dix arrosages, sont un volume insuffisant : car l'eau d'irrigation ne peut jamais être distribuée avec aussi peu de perte que l'eau de pluie[2].

Mais, en supposant l'année aussi favorable que possible, dans le Nord, à la végétation des prairies, quelle différence avec le Midi, dans l'action de l'eau comme dans les résultats ! Ici une végétation puissante sous l'influence d'un soleil brûlant, d'une température élevée et de l'humidité; là de l'humidité encore, mais beaucoup moins de chaleur et de lumière. Avec les pluies, le temps se couvre dans le Nord, la température s'abaisse, l'activité végétale et, par suite, l'élaboration des sucs nourriciers et l'assimilation diminuent; aussi est-on loin d'y obtenir les récoltes énormes que donne l'irrigation dans la huerta de Valence, dans les vallées de l'Andalousie, sur les bords de l'Èbre, dans la Lombardie, où la faux est occupée

---

1. *Économie rurale*, de M. Boussingault, 2e édition, t. II, p. 215.

2. Il est bon de rappeler aussi que, tandis que les eaux des rivières de l'Alsace renferment 18 milligrammes d'ammoniaque par litre, les eaux pluviales en contiennent 76 milligrammes.

sans relâche toute l'année à abattre les tiges toujours renaissantes[1].

Le Nord demande surtout à l'irrigation des éléments de fécondité, de l'engrais, plus que de la fraîcheur et de l'humidité. Il arrose ses prés pour les fumer. Là est la grande distinction à faire entre le but des arrosages des pays septentrionaux et celui des contrées méridionales. L'irrigation, en Alsace, est pratiquée de même le plus généralement pour restituer au sol la masse des éléments qui lui sont enlevés par chaque récolte de foin, et le produit moyen des prairies arrosées des deux départements de l'Alsace est de 5,000 kilogrammes de foin, regain compris. Les célèbres travaux de M. Boussingault font voir qu'une semblable récolte n'enlève pas à la terre moins de 300 kilogrammes de sels minéraux[2] et de 75 ki-

---

1. On fait jusqu'à huit et dix coupes de fourrage. Le sol produit sans repos ni relâche, mais il faut le fumer chaque année copieusement. Dans la Lombardie, on est même obligé de fumer deux fois dans la même année. Les prairies arrosées sont très-productives.

2. *Substances enlevées à la terre par la récolte d'un hectare de pré, à raison de 5,000 kilogrammes.*

Acide carbonique	$22^k,2$
Acide phosphorique	16,5
Acide sulfurique	8,3
Chlore	7,9
Chaux	54,6
Magnésie	22,0
Potasse et soude	71,6
Silice	96,1
Oxyde de fer, etc.	5,8
Total	305,0

6

logrammes d'azote. C'est plus que n'en prélève une récolte ordinaire de froment, de pommes de terre.

Si le sol n'est pas par lui-même très-riche ou si on ne le fume pas directement, il faudra absolument que la prairie recouvre, par l'entremise de l'eau d'arrosage, les substances minérales et azotées qui y sont prises à chaque récolte, sous peine de voir le pré s'appauvrir d'année en année, se couvrir de mousses et finir par l'épuisement et la stérilité. Quelle quantité d'eau faudra-t-il pour maintenir à la prairie son rendement? Si le sol est bon, on aura besoin de peu d'eau; l'eau servira là surtout comme un moyen propre à réchauffer le sol en hiver et au printemps, et à le rafraîchir en été. Mais, si le sol n'est pas d'une grande fertilité, il faudra beaucoup d'eau; il en faudra un volume d'autant plus considérable que l'eau sera elle-même moins riche en limon de bonne qualité et en sels solubles. D'après leur origine, les eaux courantes de l'Alsace ne sont pas bien grasses : le Rhin, en effet, provient de la fonte des neiges et des glaciers; il charrie beaucoup de sable fin, ténu. Les autres rivières du Bas et du Haut-Rhin coulent sur des terrains granitiques ou sur des grès et des sables; on peut *à priori* déduire de là que le volume d'eau capable de fournir en Alsace les principes nécessaires à la végétation des prairies rendant 5,000 kilogrammes de foin par hectare doit être considérable, et l'analyse chimique vient corroborer cette conclusion; la démonstration peut être rendue saisissante en rap=

prochant la teneur de 1,000 mètres cubes d'eau de chaque rivière avec la composition de 5,000 kilogrammes de foin[1]. On trouve que l'Ill, qui représente la composition moyenne des eaux de l'Alsace puisque presque tous les cours d'eau qui descendent des collines s'y jettent, ne renferme, dans 1,000 mètres cubes, pendant les crues, que 145 kilogrammes de limon. Le Rhin est plus chargé; mais, comme c'est du sable qu'il charrie, il faudrait un volume plus grand pour obtenir la même dose de limon utile. Voilà pour les matières terreuses en suspension. Pour les sels minéraux qui existent en dissolution dans les eaux et

---

1.   *Composition de 1,000 mètres cubes d'eau.*

	GRAND-RHIN.	ILL.	BRUCHE.	CANAL DU RHÔNE AU RHIN.
	Kilogr.	Kilogr.	Kilogr.	Kilogr.
Matières organiques	1 à 4	8 à 13	7.00	10.00
Ammoniaque	0.17 à 0.04	0.20	0.21	0.38
Résidu fixe	231.00 (A)	151.00	75.00	142.00
Acide carbonique	61.20	49.90	18.70	34.10
Acide sulfurique	16.20	4.70	8.60	16.70
Acide nitrique	2.00	2.03	2.00	2.00
Chlore	1.72	5.40	3.70	5.40
Chaux.	82.10	62.10	27.50	43.20
Magnésie	2.40	6.03	3.20	8.30
Potasse et soude.	8.72	4.50	3.10	4.50
Silice	48.80	8.00	11.00	23.00
Oxyde de fer	5.80	»		
Alumine.	2.50	'		

(A) D'après l'analyse de M. H. Deville, d'autres chimistes ont trouvé des résidus moins considérables (155 kilogrammes par 1,000 mètres cubes). Il est à noter que l'eau de l'Ill est plus riche en oxygène libre que l'eau du Rhin; on y trouve à peu près la même quantité d'acide carbonique libre (environ 1 mètre cube par 1,000 mètres cubes d'eau).

qui sont susceptibles d'être utilisés par les plantes, les analyses les plus délicates montrent que, si 1,000 mètres cubes d'eau du Rhin, de l'Ill, de la Moder, de la Zorn, etc., renferment autant ou plus de silice, d'alumine et de carbonate de chaux que la récolte de foin moyenne d'un hectare, il en faudra de 5 à 10,000 mètres cubes pour fournir la même quantité de potasse et de soude, et plus encore sans doute pour avoir en acide phosphorique l'équivalent de ce que prend en outre cette récolte.

La physiologie apprend qu'il ne suffit pas qu'un sol renferme exactement les principes minéraux et azotés contenus dans une certaine récolte, mais qu'il en faut beaucoup plus encore, afin que, les substances utiles étant également réparties dans la couche arable, les racines puissent trouver ces principes à tous leurs points de contact. Il doit en être de même de l'eau évidemment, quoique à un moindre degré cependant, à cause de sa mobilité excessive qui met toutes ses parties en rapport avec les organes des plantes. Ce qui semble confirmer cette opinion, c'est le peu de différence qu'en l'état actuel de nos connaissances l'on constate dans la composition de l'eau avant qu'elle serve à l'irrigation et après son emploi, comme cela arrive dans les terres arables avant et après une récolte, quelque épuisante qu'elle soit.

La méthode suivie par les irrigateurs de l'Alsace n'est donc pas une pratique défectueuse; c'est la raison appuyée d'ailleurs par une longue et fructueuse expérience qui les porte à employer pour l'irrigation de leurs prairies de grandes masses d'eau. C'est une nécessité du sol comme du climat. On doit comprendre dès lors le soin qu'ils mettent à utiliser toutes les eaux courantes, à recueillir surtout les eaux riches qui ont traversé les villages et passé sur des terres arables fumées; on doit comprendre également la nécessité de la précaution que prennent les plus intelligents, quand ils disposent d'eaux pauvres et en petite quantité, de les enrichir à l'aide de résidus de fabriques, de purins et autres substances fertilisantes.

Malheureusement, la pratique des irrigations rencontre dans l'exécution des obstacles de plus d'une sorte. Elle est soumise à tout un ensemble de mesures administratives qui ont pour but de régler le partage des eaux courantes entre l'agriculture et les usines. Ces mesures administratives, fréquemment contestées, embrassent la presque totalité des cours d'eau et constituent le régime des irrigations en Alsace dont il convient de parler maintenant.

L'agriculture, en effet, ne devait pas demeurer longtemps seule à utiliser la richesse hydraulique de l'Alsace. Il est facile d'apprécier la valeur que devait avoir, il y a quarante ou cinquante ans, surtout pour l'industrie du coton alors naissante en Alsace, les nombreuses chutes d'eau et par conséquent les forces à bon marché que tant de cours d'eau abondants et l'inclinaison des vallées permettaient de créer.

Dans un temps où les moteurs à vapeur étaient

rares, le prix et le transport du combustible extrêmement coûteux, l'industrie devait en effet viser avant
tout à se procurer des moteurs économiques, elle
devait naturellement songer à s'introduire dans les
vallées des Vosges et du Jura, et à s'y répandre de
plus en plus. Elle y trouvait le plus souvent, à côté
de l'économie de force motrice, une main-d'œuvre
abondante et d'un prix peu élevé.

Ce sont les vallées du Haut-Rhin qu'elle a choisies
de préférence. L'industrie de l'impression (toiles
peintes), établie de bonne heure, dès 1746, sur les
bords de la Doller, à cause des propriétés particulières
de ses eaux pour la teinture, y a appelé, presque en
même temps, la fabrication des tissus et des toiles
blanches: au lieu de faire venir les toiles à imprimer,
on a voulu les obtenir sur place; puis est arrivé, un
peu plus tard, le tour des filatures. Toutes les manufactures qui se rattachent à l'industrie cotonnière
ainsi sollicitées, n'ont pas tardé à se multiplier, à
grandir et à faire de Mulhouse une des villes industrielles les plus importantes de la France. Elles ont
envahi les vallées de la Savoureuse, de la Doller, de
la Thur, de la Lauch, de la Fecht, de la Weiss, de la
Liepvrette, en prenant un développement qui fait le
plus grand honneur au génie industriel de la population alsacienne et surtout aux hommes tels que les
Dollfus, les Gros, les Kœchlin, les Jourdain, les Herzog et les Zuber, qui ont dirigé ce grand mouvement, en joignant à leurs vastes conceptions indus-

trielles de grandes idées philanthropiques; qui ont su écarter ces misères navrantes qu'on rencontre trop souvent dans les districts de la Grande-Bretagne adonnés aux mêmes industries. L'esprit reste, en vérité, saisi de surprise et d'admiration, quand on songe aux difficultés que dut surmonter l'industrie alsacienne à son origine, à la distance que le coton d'Amérique avait à parcourir pour arriver du port du Havre en Alsace, afin d'être transformé en tissus, lesquels étaient renvoyés à leur tour en Amérique, etc., alors qu'il n'y avait ni routes ni canaux, que tous les transports devaient se faire lentement, péniblement, par voitures. La prospérité de ce pays prouve ce que peut la volonté au service d'une population vigoureuse et éclairée[1].

Ce n'était pas, il faut le remarquer, un fait médio-

---

1. Le Bulletin de la Société industrielle de Mulhouse renferme de très-intéressants détails sur l'histoire de l'industrie dans le Haut-Rhin. Une note publiée par M. Émile Dollfus fait connaître les progrès réalisés depuis le commencement de ce siècle par les diverses branches de l'industrie cotonnière :

L'*impression* occupait, en 1828, dans 27 manufactures, 11,248 ouvriers, produisant 18 millions de mètres de toiles peintes; en 1847, on comptait seulement 21 établissements, mais la production était montée à 49 millions de mètres. Les mêmes progrès se sont continués dans les vingt dernières années. Cette industrie occupe plus de 10,000 ouvriers et emploie une force de 882 chevaux.

Tissage. La première fabrique d'indienne a été créée à Mulhouse en 1746, et en 1750 le premier métier de tissage a fonctionné à Cernay; en 1830, on comptait dans le Haut-Rhin de 1,500 à 2,000 métiers mécaniques; en 1856, il y avait 18,139 métiers mécaniques et 8,657

crement important au point de vue des intérêts agricoles que cette sorte d'invasion de l'industrie. Il était facile de prévoir que l'état des choses qui avait subsisté jusqu'alors en éprouverait de notables changements. Sur la plupart des cours d'eau, il est vrai, se trouvaient établis, de vieille date, des moulins en plus ou moins grand nombre; mais comment comparer ces usines aux puissantes industries qui allaient les remplacer? L'agriculture ne pouvait se le dissimuler, c'était un nouveau et avide copartageant qui se pré-

---

métiers à bras, occupant 23,681 ouvriers et 3,000 chevaux de force environ, produisant plus de 130 millions de mètres d'étoffes.

Filature. La première filature fut fondée à Wesserling en 1803; Bollwiller fut créé l'année suivante. En 1805 s'élevèrent les filatures de Soulzmatt et de Willer. Ce ne fut toutefois qu'à partir de 1809 ou 1810 que la filature prit un grand développement; c'est aussi à cette époque que correspond le premier emploi de l'eau comme force motrice. Dans le Bas-Rhin, la première filature s'établit en 1825. En 1826, il existait dans le Haut-Rhin 466,363 broches, occupant 10,240 ouvriers, avec une force motrice, vapeur et eau, de 984 chevaux. Le produit en fil était évalué à 3,700,000 kilogrammes, soit 8 kilogrammes par broche et par an. En 1846, il y a 45 filatures avec 779,300 broches, produisant 11 kilogrammes par broche et par an. En 1856, on trouve 53 filatures et 974,298 broches. En 1864, il y a 86 manufactures faisant marcher 1,328,666 broches avec une force motrice de 6,600 chevaux et plus de 20,000 ouvriers.

En 1857, l'industrie cotonnière du Haut-Rhin occupait déjà environ 54,000 ouvriers et 9,111 chevaux de force, vapeur et eau; depuis l'inauguration des traités de commerce, elle travaille sans relâche pour renouveler son matériel. De tous côtés ce ne sont que transformations et vastes constructions. Il y a d'immenses efforts faits pour permettre à l'Alsace de lutter contre toute concurrence étrangère. Son passé répond de son avenir!

sentait en face d'elle, qui avait pour lui l'esprit d'entreprise et les capitaux, qui apportait la vie, le travail, l'aisance, et se sentait soutenu par l'immense intérêt attaché, par le pouvoir aussi bien que par le pays, au développement et à la prospérité de l'industrie nouvelle qu'il représentait. Quel élément nouveau lui opposerait l'agriculture? Sur quelles bases se ferait la transaction? Nous touchons ici à une des questions les plus vives et les plus complexes qui aient agité les agriculteurs en Alsace, et il n'est pas indifférent de la mettre dans tout son jour.

Comme nous venons de le dire, l'industrie du coton, en s'installant le long des cours d'eau des Vosges ou du Jura, s'est presque toujours substituée à d'anciens moulins. Ces moulins usaient des eaux, soit en vertu de concessions individuelles obtenues par eux, soit en vertu de dispositions générales émanées de l'autorité et déterminant les conditions dans lesquelles les riverains d'un cours d'eau, meuniers ou cultivateurs, se serviraient des eaux. Les autorisations individuelles spécifiaient autant que possible le volume d'eau concédé par le nombre de tournants, c'est-à-dire de paires de meules.

Quant aux règlements généraux, assez nombreux dans le Haut-Rhin, et émanés des intendants d'Alsace, ils semblent avoir eu presque toujours pour but de garantir les usines contre ce qu'on appelait les usurpations des riverains.

En général, ils apportaient des restrictions à la pratique des irrigations et ne les admettaient qu'à titre de tolérance; la plupart les restreignaient à une seule par semaine, pendant douze à trente-six heures, ordinairement du samedi soir au lundi matin, entre la Saint-Jean et la Saint-Jacques, du 24 juin au 25 juillet.

L'usage des eaux par les riverains se trouvait, comme on le voit, emprisonné dans d'étroites limites, et les intérêts agricoles étaient relégués tout à fait au second rang. Que des mesures aussi peu favorables à ces intérêts aient été adoptées dans un temps où l'agriculture devait dominer sans conteste, et où, en définitive, elle était tout, il y a là certainement de quoi étonner tout d'abord; mais on ne saurait perdre de vue l'utilité exceptionnelle des moulins, précisément à la même époque. Il fallait qu'ils fussent toujours en état de moudre et de subvenir aux besoins de la population: ce n'était pas tout de produire, il fallait pouvoir vivre, et cette considération devait passer avant tout le reste. Aussi n'est-il pas une ordonnance des intendants d'Alsace qui n'invoque l'intérêt public des moulins; et c'est déjà le motif allégué dans le plus ancien des documents de ce genre qui ait été conservé, c'est-à-dire dans un diplôme de l'empereur Maximilien, daté de 1494, et limitant les irrigations sur le Logelbach et sur la Fecht. Il n'est pas non plus inutile de faire remarquer qu'un grand nombre de ces moulins appartenaient à des familles considérables dont il importait de ménager le crédit. On peut citer comme exemple tous les moulins situés sur le cours d'eau de la Savoureuse, lesquels appartenaient à la famille Mazarin.

Ces ordonnances tombèrent pour la plupart en désuétude pendant la Révolution. Elles avaient pu ne pas susciter à l'origine de trop graves difficultés, à cause de l'importance, en définitive assez restreinte, des moulins et de l'abondance des eaux qui permettaient de satisfaire à tous les besoins.

Le Code Napoléon inaugurait un régime tout nouveau, en donnant aux riverains, à titre de droit sur les cours d'eau non navigables et non flottables, ce qui n'était, sous l'ancien régime, qu'une tolérance, c'est-à-dire le droit de se servir des eaux pour l'irrigation. Toutefois, sous la nouvelle législation, l'Administration conservait, en vertu de la loi du 20 août 1790, le droit de police des eaux courantes pour les diriger dans un but général d'après les principes de l'irrigation. Ce sont les expressions mêmes de la loi.

Cependant, quand les nouvelles industries vinrent s'établir le long des cours d'eau, héritant de la situation des meuniers, elles ne tardèrent pas à se prévaloir des anciennes ordonnances des intendants d'Alsace. Des arrêtés préfectoraux intervinrent alors, soit pour établir des règlements nouveaux, soit pour confirmer, en les revisant, les anciens règlements, conformément au droit que tenait l'Administration de la loi du 20 août 1790.

Un grand nombre d'arrêtés, dans le Haut-Rhin, principalement, se bornèrent à confirmer purement et simplement les anciennes ordonnances. D'autres les modifièrent dans un sens plus libéral pour l'agriculture. Ainsi dans le Haut-Rhin, plusieurs arrêtés autorisèrent les irrigations pendant vingt-quatre heures, deux fois par semaine, toute l'année, pour certains cours d'eau, tandis que les ordonnances les restreignaient aux seuls mois d'avril et de juillet.

Quant aux règlements nouveaux, ils eurent avant tout pour but de prévenir ces abus de détournement des eaux par les arrosants, en attribuant à ceux-ci une durée ou un volume d'eau d'irrigation estimé suffisant et en limitant l'usage des eaux d'irrigation aux seules saisons où les irrigations sont nécessaires.

En ce qui touche les usiniers, l'Administration avait d'abord eu la pensée de régler le régime hydraulique de toutes les usines par un seul et même règlement ; mais cette pensée fut abandonnée en présence des difficultés de l'exécution pratique, et il fut décidé que les règlements seraient pris, pour chaque cours d'eau, au fur et à mesure des demandes ou des plaintes qui se produiraient ; mais ces mesures ne sont rien moins que coordonnées : elles ne procèdent point de principes fixes et acceptés. Prises à des époques différentes sous l'empire de circonstances particulières, elles offrent une physionomie des plus variées.

On peut aisément pressentir l'accueil fait par l'agriculture à la plupart de ces arrêtés. Chaque fois que l'Administration, sur la réclamation d'une usine, dut confirmer et appliquer un ancien règlement, elle rencontra dans les populations rurales l'opposition la plus vive. Toutes les objections furent accumulées par l'agriculture contre la restauration des ordonnances des intendants. Elle avait soin d'observer tout d'abord que ces règlements, confirmés par les arrêtés préfectoraux, ne trouvaient plus alors aucune application : ils avaient été pris en vue d'une situation toute différente, en vue d'assurer l'alimentation régulière de la population ; on ne pouvait comparer les moulins de ce temps aux puissantes industries actuelles. On invoquait ensuite le régime du Code civil, les droits conférés aux riverains, qui devaient l'emporter sur les restrictions des anciens règlements, et les termes de la loi du 20 août 1790, qui veut que les eaux soient réglées d'après le principe de l'irrigation. Du moins, disait-on, l'Administration est-elle tenue à concilier les intérêts agricoles avec les intérêts industriels ? Or il est manifeste qu'elle subordonne complétement les premiers aux seconds. Fait-elle autre chose en limitant la pratique de l'irrigation à un seul jour de la semaine, jour où encore l'eau est inutile à l'industrie, en n'accordant même pas aux agriculteurs la faculté d'irriguer d'une façon suivie aux époques de l'année où les arrosages seraient indispensables, et en leur refusant d'une façon constante l'usage de l'eau pendant la nuit, alors qu'elle coule sans aucun profit pour personne le long de leurs prairies altérées ?

Les avantages exceptionnels accordés à l'industrie

pouvaient encore trouver quelques justifications, quand l'emploi de la vapeur comme moteur était rare et le combustible très-coûteux ; mais aujourd'hui chaque établissement n'est-il pas pourvu d'un moteur à vapeur; ne trouve-t-il pas toutes les facilités possibles pour se procurer du combustible? L'ouverture du canal de la Sarre ne vient-elle pas encore tout nouvellement de mettre des houillères considérables pour ainsi dire à sa portée? Pour l'agriculture, au contraire, comment veut-on qu'elle supplée au manque d'eau? Par quoi pourrait-elle remplacer jamais les masses d'eau que le sol perméable et le climat du pays exigent pour ses prairies? En la privant des irrigations, c'est sa richesse même que l'on atteint; c'est la fertilité de ses terrains qu'on attaque; ce sont ses récoltes que l'on diminue au moment même où on la presse de les accroître et de les varier pour mieux supporter la concurrence étrangère et pouvoir l'emporter sur ses voisins.

A ces doléances développées quelquefois avec une vivacité extrême, les usiniers ne laissaient pas que d'opposer des répliques également vives. L'industrie s'était établie le long des cours d'eau sur la foi de certains avantages dont jouissaient les meuniers qui l'avaient précédée et qu'elle considérait comme des droits acquis. Regardant la jouissance des eaux comme assurée à perpétuité à ses établissements, elle avait fait des travaux parfois considérables et très-dispendieux pour les emmaganiser, les tenir à une grande hauteur sur le flanc des coteaux, pour les détourner de leur cours et les amener par des aqueducs, parfois gigantesques, au centre des usines. Ces avantages étaient toujours entrés en ligne de compte dans les transactions, achats ou ventes de manufactures. Les concessions individuelles ne pouvaient évidemment pas être modifiées ; elles constituaient de véritables titres. Les arrêtés préfectoraux qui confirmaient d'anciens règlements généraux ne faisaient que consacrer, avec ces règlements, d'anciens usages qui devaient être respectés. Y porter atteinte, c'était à la fois blesser le droit et jeter la perturbation dans des industries considérables, auxquelles se rattachent des intérêts de toute nature que l'on atteint avec elles.

On objectait à tort la possibilité de substituer d'une façon absolue les moteurs à vapeur aux moteurs hydrauliques ; les seconds n'avaient rien perdu de leur valeur aux yeux de l'industrie. Il était naturel, en effet, que les forces à bon marché conservassent tout leur prix pour des usines établies dans des vallées loin des centres, et qui ont, par le fait même de leur situation, à supporter une aggravation considérable de frais de toute sorte qu'elles doivent nécessairement chercher à compenser[1].

---

1. Les agriculteurs répondent à cette objection que les inconvénients sont plus que compensés par le prix moindre de la main-d'œuvre et du terrain à bâtir, et par la moralité plus grande des ouvriers de campagne.

Quant à la pratique des irrigations pendant la nuit, on ne prenait pas garde, au dire des usiniers, que ce qui constitue, pour quelques-uns, l'eau de nuit, est l'eau de jour pour les autres. Les industries riveraines d'un cours d'eau qui sont éloignées de sa source n'en peuvent profiter qu'après un certain laps de temps ; il faut que les eaux leur parviennent. Or la plupart des vallées d'Alsace se développent sur un espace considérable, et la vitesse des eaux a été presque partout atténuée de beaucoup par les travaux de l'homme, afin d'avoir des chutes plus nombreuses et une puissance hydraulique plus forte. Admît-on enfin l'irrigation des zones, on rencontrerait dans la pratique des difficultés sans nombre, et, en résumé, il ne serait plus possible aux industries riveraines d'un cours d'eau de compter d'une façon régulière sur les eaux dont elles auraient besoin pour leur alimentation. Enfin, ajoutait-on, l'agriculture n'a point à regretter les avantages, d'ailleurs légitimes, dont jouit l'industrie ; celle-ci ne lui a-t-elle pas apporté les capitaux, le mouvement ; en créant une population de consommateurs, n'a-t-elle pas fourni un débouché à tous ses produits, et n'a-t-elle pas augmenté les prix dans une proportion considérable ?

Telles sont les exigences que le difficile partage d'une richesse également enviée a mises aux prises. La lutte est ancienne et elle dure encore ; l'un de ses plus fâcheux effets a été sans contredit de donner de nouvelles forces au préjugé suranné qui voit entre l'agriculture et l'industrie un antagonisme fatal. Il n'est point d'erreur, on l'a dit avec raison, qui soit plus nuisible que celle-là aux intérêts agricoles ; et la pensée que la lutte dont nous venons de parler permet à cette erreur de s'accréditer rend plus souhaitable et plus nécessaire encore une prochaine conciliation. Le problème, il est vrai, n'est point sans difficulté, et il mérite toute la sollicitude de l'Administration. Les intérêts qu'il met en jeu sont considérables et sont différents ; les prétentions de part et d'autre sont quelque peu absolues ; et si l'Administration a lieu de respecter des droits acquis, des titres fondés, elle n'en poursuit pas moins une mission qui ne saurait être entravée par aucune mesure antérieure, la mission de diriger les eaux courantes dans un but d'intérêt général et d'après les principes de l'irrigation.

La solution d'un tel problème implique avant tout des études approfondies, des expériences nombreuses et suivies faites sur le régime de la composition de chaque cours d'eau. C'est le seul moyen, en effet, de parvenir à déterminer, dans une mesure aussi exacte que possible, le volume d'eau disponible à chaque époque pour l'irrigation et celui qu'on peut abandonner à l'industrie ; car on ne peut se flatter d'adopter pour toutes les vallées une règle unique et invariable : ce serait aller à l'encontre de différences souvent radicales et ne tenir aucun compte des besoins de chaque district.

Il faut reconnaître cependant que, si le problème

n'a pu être résolu jusqu'ici par suite de circonstances diverses, un moyen s'offrait depuis longtemps, qui eût permis d'en diminuer singulièrement la portée et de faire cesser bien des récriminations. Ce moyen consistait à augmenter la quantité d'eau disponible, pour l'agriculture aussi bien que pour l'industrie, par un ensemble de réservoirs et de retenues d'eau créés dans les vallées. La chaîne des Vosges se prête merveilleusement à des travaux de ce genre ; et il suffit de se rendre compte de la quantité énorme d'eau qu'apportent les pluies ou la fonte des neiges, pour apprécier combien il eût été avantageux de chercher à les emmagasiner. On peut hardiment affirmer que, dans l'état de choses actuel, les trois quarts des eaux qui s'écoulent dans les torrents sont perdus et pour l'irrigation et pour les usines. Cette perte inutile a lieu pendant les crues de printemps et d'automne. D'après un calcul minutieux de M. Charles Grad, fait pour l'Ill, le rapport entre la hauteur d'eau météorique tombée dans le bassin de cette rivière et son débit varie de un à six, selon les saisons : tandis que la rivière, pendant la durée des observations, débitait en février un maximum de 0.63 de la pluie recueillie, elle est descendue en août à un débit minimum de 0.09, la moyenne mensuelle étant de 0.36 [1].

De vastes projets de barrages furent conçus à di-

----

1. Charles Grad, *Essai sur l'hydrologie du bassin de l'Ill*, p. 33 ; Mulhouse. 1867.

verses époques; leur réalisation créait une source de richesse certaine. Quelques industriels se sont mis à l'œuvre, mais en résumé le nombre des travaux exécutés est insignifiant auprès de ceux qui étaient à réaliser. On peut citer l'endiguement des lacs Blanc et Noir, dans le canton de la Poutroye, qui constituent une réserve de quatre millions de mètres cubes; les travaux des lacs de Neumayer et de Sternsée, dans la vallée de la Doller; du lac Vert, dans la vallée de Munster, et les travaux en exécution du lac du Ballon. Aucun ensemble, toutefois, n'a présidé à ces entreprises auxquelles l'agriculture ne s'est pas associée[1].

Parmi les divers obstacles qui en Alsace en ont en-

---

1. Sur le versant occidental des Vosges, du côté de la Lorraine, dans les petits vallons qui aboutissent aux confluents de la Moselle ou à la vallée principale de la Moselle elle-même, on trouve fréquemment des barrages qui retiennent les eaux des sources pendant la saison où les pluies sont abondantes, et les mettent en réserve pour l'époque de la sécheresse. Ces eaux servent à l'irrigation partout et, en certains endroits, elles commencent par faire tourner une machine à battre, alimenter une féculerie, mouvoir un moulin ou un tissage avant d'aller féconder les prés.

On trouve ainsi en partie réalisé le système que proposait l'Empereur pour empêcher les inondations; seulement, au lieu de grands barrages, il y a dans les Vosges *beaucoup de petits barrages* qui ont les mêmes résultats, sans présenter autant de difficultés d'exécution et autant de dangers en cas de rupture.

Du reste, le nombre et la dimension des barrages doit varier avec les localités, avec la multiplicité plus ou moins grande des sources.

Dans les Vosges, comme dans le granit du plateau central de la France, les sources sont très-nombreuses. Les eaux de pluie s'infiltrent dans les bancs perméables et souvent fissurés du grès des

travé l'exécution, il convient de signaler surtout les appréhensions causées par les risques auxquels peuvent donner lieu des entreprises de cette nature. Il semble, en effet, qu'un petit groupe d'industriels ou d'agriculteurs doive malaisément assumer sur lui la responsabilité de si vastes travaux et accepter l'obligation de réparer tous les dommages que peut entraîner la rupture des barrages. L'intervention et la garantie de l'État ont été demandées. Quelques esprits eussent souhaité que les travaux fussent contrôlés par le corps des ponts et chaussées, reçus par ses agents, et que l'État prît sur lui les risques, en cas d'accident, moyennant une prime annuelle payée par les intéressés. L'idée d'organiser une sorte d'assurance mutuelle entre ces derniers a été également agitée : c'était le parti le plus logique et le plus conforme aux idées de notre époque; les intérêts du fonds de garantie, une fois constitués, pouvaient servir ensuite à faire face

---

Vosges, et débouchent sous forme de sources, quand elles rencontrent les couches de marnes qui alternent avec ces bancs de grès.

Dans la formation jurassique, au contraire, dont les calcaires renferment de grandes fissures, qui les traversent de part en part et forment des sortes de réservoirs intérieurs, il y a peu de sources, mais celles-ci sont très-grandes.

Dans les Vosges, l'art des irrigations est bien entendu; on n'y a qu'un défaut, c'est de ne pas faire ordinairement les canaux d'écoulement assez profonds, ou de ne pas leur donner assez de pente, ou encore de ne pas les tenir toujours parfaitement nets des végétaux qui y poussent. Les prés irrigués deviennent ainsi parfois marécageux, ou du moins ont des joncs et des herbes acides.

aux travaux d'entretien des réservoirs sans nouvelles cotisations. Toutefois, aucune de ces combinaisons n'ayant eu de suite, les entreprises malheureusement en sont restées au même point, et tant de magnifiques travaux, d'un prix extrême pour l'agriculture comme pour l'industrie et qui auraient en même temps l'inestimable avantage de régulariser le cours des eaux et de prévenir les inondations, attendent encore l'impulsion qui en déterminera l'exécution. Peut-être arrivera-t-on à triompher de toutes ces difficultés en renonçant aux vastes réservoirs et en se bornant à multiplier, tout le long des vallées, des séries de petits réservoirs étagés de distance en distance suivant l'abondance des eaux et la pente du terrain. Dans ce cas, on obtiendrait de meilleurs résultats pour la régularisation du régime des eaux et la préservation de la plaine contre les inondations, et les dangers en cas de rupture de digues seraient alors de peu d'importance.

Nous avons dit que les travaux d'art entrepris spécialement en vue des irrigations sont très-rares dans la province; il est naturel que nous cherchions à expliquer ce fait, au moins pour les régions où il peut sembler véritablement étrange, c'est-à-dire pour la région qui s'étend au sortir des vallées et va jusqu'au Rhin. La rareté de ces travaux peut, en effet, paraître d'autant plus surprenante que, sur les quelques points où l'on en a exécuté, les avantages réalisés ont été immédiats et considérables. Ainsi le canal de la Bruche, exécuté dans le Bas-Rhin en vue de l'irrigation, a augmenté, dès les premières années, le produit annuel des terres irriguées de 100 francs environ.

Une raison générale peut être donnée: le chiffre souvent élevé des dépenses qu'occasionnent ces travaux. Un propriétaire ne refusera pas sans doute de s'y soumettre, quand il s'agit d'un vaste domaine; mais on sait combien les propriétés de moyenne grandeur sont rares en Alsace et jusqu'où est poussé le morcellement. Les travaux entrepris sur une certaine échelle en vue de développer les irrigations ne pourraient donc être réalisés, la plupart du temps, que par des associations de propriétaires, par des syndicats. Or c'est malheureusement le sort des tentatives faites pour provoquer, pour organiser ces associations, d'aller se heurter à des obstacles de toute sorte. Elles rencontrent d'abord le mauvais vouloir, l'absence de concert d'un certain nombre d'intéressés, souvent une méfiance réelle de la part du paysan, la routine, l'incurie. Enfin, il faut bien le dire, l'esprit d'association est peu développé dans la classe rurale. Le stimulant de l'intérêt, si énergique pourtant, est lui-même impuissant à le réveiller. L'Administration a eu beau chercher à favoriser l'organisation d'associations, en faisant étudier à ses frais, par le service hydraulique, des projets d'irrigations collectives et en provoquant les adhésions des intéressés, ses efforts ont presque constamment échoué. L'initiative de l'Administration n'a obtenu de résultats pratiques que pour quelques propriétés communales, ou seulement quand la commune se chargeait de tous les frais d'exécution des travaux dont devaient profiter les habitants[1].

Faut-il voir, dans ce singulier abandon de ses intérêts, un des signes de la déplorable habitude, qui est devenue malheureusement un des traits caractéristiques de notre pays, de l'habitude de ne pas vouloir compter sur soi, de se reposer de tout sur l'État, la répugnance à faire un sacrifice immédiat et une dépense utile pour s'assurer un gain à venir? Ou bien ce fait tient-il à des circonstances purement locales? Ne voit-on pas, en effet, dans le Midi, où l'arrosage est une condition de vie et de richesse, les irrigations collectives être en majorité? Tous les arrosages importants n'y sont-ils pas l'œuvre plus ou moins ancienne d'associations syndicales dont l'action s'étend à de vastes districts? Quoi qu'il en soit, la difficulté de

---

1. On doit constater que, dans le Bas-Rhin, des progrès appréciables ont été réalisés depuis 1860. Les concessions de prises d'eau d'irrigation faites sur des cours d'eau navigables (Ill ou ses dépendances) ont plus que triplé l'étendue des surfaces arrosées depuis cette époque.

Avant 1860	les concessions collectives s'appliquaient à	197^{h}22^a
	les concessions d'intérêt privé s'appliquaient à	171 66
Depuis 1860	des concessions collectives ont été accordées pour	862 37
	des concessions d'intérêt privé, pour . .	72 16
	Total	1,303 41

former des syndicats et d'en amener le fonctionnement régulier dans la province est un fait d'une expérience journalière. La plupart échouent faute de
pouvoir obtenir l'adhésion de tous les intéressés[1], et
il est à craindre, en présence de cette situation, que
la loi du 21 juin 1865 ne se trouve elle-même hors
d'état d'y remédier, puisqu'elle exige le consentement
unanime des associés quand il s'agit d'instituer un
syndicat en vue d'une entreprise d'irrigation. Ces
considérations s'appliquent à la plupart des syndicats,
quel que soit leur objet, irrigation, desséchement
ou drainage. Il est nécessaire cependant de constater
que, si les travaux de drainage et de desséchement
ne se sont pas multipliés davantage, d'autres causes
y ont aussi contribué.

---

1. D'après un rapport de M. Guerre, ingénieur en chef du Bas-
Rhin, il existe 27 syndicats dans le département, savoir :

1º 18 syndicats autorisés administrativement, dont :
      13 pour les irrigations seulement et l'arrosage de 1,186^{h}50^a
      5 pour irrigations et usines; surface arrosée. . 963 41
2º 5 syndicats libres régis par les maires et conseils
      municipaux en vertu d'anciens usages (canal de
      la Bruche); ils administrent l'irrigation de . . . 262 78
3º 4 syndicats en voie d'organisation pour l'arrosage
      de. 1,100 62

Dans le département du Haut-Rhin, il y a 23 syndicats; sur ce
nombre, 19 sont autorisés administrativement et 4 sont des associations libres d'ouvriers et d'agriculteurs. Les premiers ont pour objet
l'arrosage de 2,059 hectares, ils fonctionnent plus ou moins bien;
les autres embrassent une surface de 179 hectares seulement et
marchent comme il faut.

Les desséchements à opérer ne sont pas nombreux en Alsace : quelques points de la basse plaine du Rhin et de la région qui s'étend autour de Belfort sont presque seuls à réclamer des travaux d'assainissement d'une réelle importance ; et quant à l'opération du drainage, il faut reconnaître que la nature perméable du sol et du sous-sol n'exige presque jamais, en Alsace, cette amélioration.

Mais s'il est une contrée dans la province où il y ait lieu de regretter l'absence de travaux hydrauliques entrepris en vue de l'irrigation, une contrée où ces travaux eussent été éminemment utiles, c'est certainement la région comprise entre l'Ill et le Rhin qui se trouve, faute d'eau, condamnée à une triste végétation, quand le Rhin coule à pleins bords à côté d'elle comme pour mettre le remède auprès du mal.

Deux causes ont principalement détourné de ces travaux : la nature du sol, qui est telle, au moins dans une zone d'une certaine étendue, que l'irrigation y semble peu efficace, et l'opinion accréditée pendant longtemps que les eaux du Rhin ne sont pas propres à l'arrosage, à cause des sables très-fins qu'elles déposent sur le sol et sur les plantes. On ne saurait nier les difficultés que rencontre, dans une partie de cette région surtout, la conversion du sol en prairies fertiles : le sol, comme nous l'avons déjà dit, y est très-léger, sablonneux ou caillouteux, et le sous-sol éminemment perméable ; les eaux charrient

6.

un limon peu gras et sont peu riches, et, on doit le
rappeler, le rôle principal de l'irrigation dans le Nord
est d'apporter de l'engrais à la terre, de l'enrichir.
Mais ces conditions, si elles ne sont pas très-favora-
bles, constituent-elles un obstacle insurmontable?
Telle est la question. Qu'il faille beaucoup d'eau pour
irriguer les sables et les graviers de la plaine du
Rhin, qu'il en faille énormément, personne ne pourrait en douter, d'après les considérations développées
plus haut; mais la nécessité d'un grand volume ne
saurait être considérée comme une impossibilité
d'exécution.

Quant aux effets nuisibles attribués à l'eau du
Rhin, ils ne sont justifiés ni par l'analyse ni par la
pratique. Il y a lieu de croire que l'on s'est mépris
sur le rôle que cette eau est appelée à jouer dans les
irrigations. Deux expériences ont été tentées jusqu'à
présent sur une grande échelle, et toutes deux sont
de nature à fournir d'importantes données. Nous voulons parler de l'exploitation du château de Hombourg,
situé dans le canton de Habsheim, sur les bords
mêmes du Rhin, et des prairies créées par MM. Zuber
et Rieder, dans un domaine situé à 16 kilomètres
du Rhin, dans le canton de Rixheim.

Le fait le plus concluant à citer, en ce qui touche
le domaine de Hombourg, c'est que son propriétaire,
qui avait commencé par transformer 50 hectares de
mauvaises forêts en prairies, n'a point cessé de les
développer et qu'il est arrivé à en posséder aujour-

d'hui 150 hectares, donnant un produit moyen de 110 francs par hectare[1].

Pour MM. Zuber et Rieder, l'expérience a été faite sur 10 hectares. Les terrains sur lesquels on a opéré avaient paru d'abord, comme la zone à laquelle ils appartiennent, impropres à être transformés en prairies. Cependant, bien préparées d'abord et arrosées ensuite, grâce à une prise d'eau établie sur le canal du Rhône au Rhin, avec l'eau du fleuve, en même temps qu'elles recevaient une copieuse fumure, ces terres ont donné en prairies, pendant une durée de sept années, un produit net moyen de 150 francs par hectare, représentant, à 3 p. 100, la rente de 5,000 francs, tandis que les champs voisins peuvent être achetés en ce moment à 1,000 francs, 2,000 francs au plus l'hectare.

Il est vrai que MM. Zuber et Rieder n'ont pas demandé à l'eau du Rhin de leur tenir absolument lieu d'engrais; ils lui ont demandé ce qu'elle pouvait donner, c'est-à-dire de suppléer à l'insuffisance des pluies

---

1. Les prés irrigués de Hombourg ont été établis par M. Feil, ancien élève de l'institut agricole de Hohenheim; ils ont été faits tout simplement, sans ados; la masse des eaux employées est telle qu'elle produit une véritable submersion; à leur arrivée, les eaux sont reçues dans un bassin où se dépose le sable fin qu'elles tiennent en suspension; elles conservent encore du sable, mais il n'est pas inutile; il colmate peu à peu les graviers qui forment le fond du sol et les rend moins perméables. Ce sable, utile aux terres, est mauvais pour l'herbe sur laquelle il se dépose, quand elle commence à pousser. Il faut donc avoir soin de régler l'irrigation d'après la connaissance de ce fait.

pendant les sécheresses de l'été et de maintenir la terre dans un certain état d'humidité, de façon à avoir de bonnes récoltes chaque année et à ne pas être à la merci du beau et du mauvais temps; enfin ils ont demandé aux eaux du Rhin de leur donner le moyen, avec la certitude d'un revenu régulier, de transformer des terres médiocres en prairies permanentes. Un bon système de rigoles et de réservoirs a permis d'ailleurs à MM. Rieder et Zuber d'éviter complétement l'ensablement tant redouté[1].

Ces exemples ont été sur le point de trouver des imitateurs et de donner lieu, non plus à de simples expériences, mais à une entreprise considérable. Une réunion de capitalistes alsaciens a formé le projet d'acheter à l'État 2,000 hectares de terre dans la vaste forêt domaniale de la Hardt, qui s'étend entre l'Ill et le Rhin depuis Saint-Louis jusqu'à la hauteur d'Ensisheim, sur une longueur de 20 kilomètres, et dont la contenance est de 13 à 14,000 hectares.

Les 2,000 hectares seraient défrichés et transformés en prairies, grâce à une dérivation des eaux du Rhin et à un ensemble considérable de travaux hydrauliques, et l'on compterait obtenir ainsi d'une façon assurée un revenu net de 90 francs par hectare au lieu de 45 francs, ce qui est aujourd'hui le produit annuel maximum d'un hectare de la forêt de la Hardt.

---

1. Voir la déposition de M. Rieder et les pièces annexées à sa déposition dans le *Rapport sur l'enquête agricole dans le Haut-Rhin.*

Ce projet invoquait l'intérêt des communes, situées en assez grand nombre entre le Rhin, la Hardt et le canal du Rhône au Rhin, qui, faute de moyens d'irrigation réguliers, sont dans l'impossibilité de créer des prairies et d'entretenir un bétail suffisant. Soumis au conseil général du Haut-Rhin et accueilli par cette assemblée, il est devenu, dans la dernière session, celle de 1866, l'objet d'un vœu favorable.

Toutefois, il ne laisse pas que de rencontrer de nombreuses et vives contradictions : les uns y voient un premier pas fait vers le défrichement complet de la forêt domaniale de la Hardt, défrichement contre lequel ils croient devoir s'élever au nom des intérêts de la contrée[1]; d'autres considèrent l'entreprise elle-même comme n'étant ni rationnelle ni véritablement avantageuse. Toutes les conditions, d'après eux, se rencontreraient pour démontrer que le bois seul peut être cultivé avec quelque avantage sur ce sol. On prétexterait vainement qu'il y a un puissant intérêt à livrer de nouvelles terres à la culture dans cette région. En ce moment même, les terres voisines de la forêt et de nature à peu près analogue ne sont pas de-

---

1. On ne saurait croire jusqu'à quel point les esprits systématiques peuvent s'égarer dans de telles discussions; ainsi on lit dans une brochure publiée sur la forêt de la Hardt que c'est au « défrichement des forêts qu'il faut attribuer l'émigration allemande ». Le remplacement du bois par des champs cultivés diminuerait la population !!!... Et, cependant, que font ces mêmes émigrants quand ils arrivent en Amérique? Ils abattent les forêts pour en cultiver le sol! — Voir la *Revue d'Alsace* de janvier 1866.

mandées, et ce qui le prouve, c'est leur valeur, qui varie entre 300 et 500 francs l'hectare. Enfin, le succès même des travaux d'irrigation paraîtrait fort douteux. La quantité d'eau nécessaire pour arroser ces terres et en tirer parti serait immense, les observations les plus rapprochées de la vérité n'évalueraient pas à moins de $13^m,50$ la hauteur de la nappe d'eau qu'il faudrait amener annuellement sur chaque point.

Ce n'est pas ici le moment d'entrer dans une discussion approfondie de la question; disons seulement qu'il serait bien désirable de voir cesser toutes ces luttes et aborder franchement et nettement le problème à résoudre. Ce qu'il faut avant tout, c'est de ne laisser aucun sol improductif, quelle qu'en soit la situation ou la maigreur; c'est d'appliquer à chaque terrain le mode d'exploitation capable de fournir le revenu le plus élevé; c'est de faire, on ne saurait trop le répéter, du bois dans les terrains en friche non susceptibles d'être arrosés ou cultivés avantageusement; c'est de remplacer les bois par des prairies ou des cultures arables partout où celles-ci, économiquement, peuvent donner plus de revenu. Pour arriver à la vérité, il faut des essais multipliés plutôt que des paroles, et rien n'empêcherait de les tenter sur les communaux incultes de cette partie de l'Alsace.

Les arguments appliqués au défrichement partiel de la forêt de la Hardt ne sauraient d'ailleurs diminuer en rien l'importance et le prix des efforts tentés dans la région dont nous nous occupons pour étendre la pratique des irrigations, en utilisant les eaux du Rhin; et l'on conçoit aisément que l'on continue à se préoccuper de l'exécution de nouveaux travaux de dérivation sur le fleuve, de la construction de canaux d'irrigation et de l'établissement de prises d'eau sur le canal du Rhône au Rhin, afin de profiter dès aujourd'hui, dans cette vue, des améliorations faites pour augmenter le volume d'eau de cette voie navigable.

De tels travaux ont une importance qui n'a pas besoin d'être démontrée. L'agriculture alsacienne a le plus pressant intérêt à utiliser, pour l'arrosage des plaines, toutes les ressources dont la province se trouve si libéralement dotée au point de vue des eaux; les circonstances économiques lui en font plus que jamais une loi, car si la prospérité croissante de la classe ouvrière due au progrès social tend à augmenter chaque jour la consommation de la viande et à en hausser considérablement le prix, elle a pour conséquence aussi de laisser à peu près stationnaire la consommation du pain, et, par suite, de diminuer plutôt que d'augmenter le prix. C'est donc dans l'augmentation de ses fourrages, de son bétail, que le cultivateur doit surtout rechercher ses profits; il y trouvera son avantage en même temps que, par une plus grande production de fumier, il accroîtra le rendement de ses céréales et celui de ses cultures industrielles. Or, les irrigations ne présentent certainement pas dans la province tout le développement qu'elles sont susceptibles de recevoir; il importe donc que les efforts se portent de ce côté. L'intervention et la coopération de l'État ont déjà puissamment secondé ces efforts et ne leur feront pas défaut; au souvenir des travaux souvent gigantesques accomplis par les anciens, par les Maures et par les Italiens, pour recueillir les eaux et les distribuer dans les villes et les campagnes, le pays ne saurait hésiter, ce semble, à faire les dépenses de nature à doter la France de moyens d'accroître sa richesse agricole dans une proportion considérable; mais de tels travaux sollicitent aussi l'initiative privée, l'esprit d'entreprise, l'association des capitaux; et ce ne serait pas trop du concours de tous pour réaliser un ensemble d'améliorations auxquelles se trouve si intimement liée la prospérité de l'agriculture et celle de l'Alsace en particulier.

CHAPITRE X.

LE CRÉDIT.

Bien des causes se réunissent pour multiplier au sein de l'agriculture alsacienne les besoins de crédit. Nous avons signalé la plus importante de toutes dans un chapitre précédent : nous voulons parler de cet amour de la propriété poussé à l'extrême, et si général dans la province.

Entraîné par cette passion, il est rare que le cultivateur proportionne ses achats à ses moyens, et qu'il ne se mette pas dans la nécessité de recourir à l'emprunt pour se libérer. Le plus souvent, ayant épuisé toutes ses ressources en acquisitions foncières, il demeure à la tête d'un capital d'exploitation insuffisant, ne pouvant réaliser aucune amélioration ni faire au sol les avances les plus nécessaires ; et il se voit sans cesse exposé à être surpris par la gêne, à la première éventualité fâcheuse, pour une récolte mauvaise, d'un placement difficile, ou la perte de quelque partie de son bétail.

Ces embarras, qui naissent pour la plupart, comme nous l'avons dit, de l'importance excessive attachée à la possession du sol et de l'ambition de s'arrondir, ont une gravité particulière pour l'agriculture alsacienne, placée en présence d'une culture coûteuse dont les circonstances économiques lui font une loi, et qui est la condition de sa prospérité. L'étude des moyens de crédit dont dispose la population rurale, dans cette province, offre donc un intérêt particulier et doit tenir dans l'appréciation de sa situation agricole une place considérable. C'est presque toujours autour de lui que le cultivateur à bout de ressources cherche à se procurer les capitaux qui lui sont nécessaires, et il aura recours, selon les circonstances, soit au prêt hypothécaire, soit au prêt chirographaire ou sur simple billet. Dans quelques parties de l'Alsace, s'il offre des garanties de solvabilité suffisante, il trouvera, sans trop de peine, à emprunter à un cours généralement inférieur à 5 p. 100. Ce n'est pas, en effet, que les capitaux fassent défaut ni qu'ils se détournent des placements fonciers. Pour peu que l'emprunteur ne présente pas toutes les sûretés désirables, l'emprunt hypothécaire au taux de 5 p. 100 sera son seul recours. Mais, il faut en convenir, cette forme d'emprunt ne constitue pas la ressource habituelle du cultivateur. Outre les complications, les frais [1], les démarches que lui occasionne ce prêt, il a plus d'un motif pour lui préférer d'autres facilités. C'est

---

1. Les frais d'une obligation sont de 3 p. 100 au minimum, le terme fixé pour le remboursement étant ordinairement de trois ans. Si le créancier l'exige au bout de ce laps de temps, il en résulte que le taux de l'emprunt est de 6 p. 100.

pourquoi le mouvement de la dette hypothécaire ne saurait rendre compte exactement de l'étendue de la dette qui pèse sur la propriété rurale; généralement, c'est au prêt sur simple billet que le cultivateur a recours, et il faut dire que non-seulement il incline plus naturellement vers cette forme de crédit, mais qu'il est sollicité de s'en servir.

On n'ignore pas, en effet, qu'il existe dans les campagnes alsaciennes une classe de banquiers agricoles, pour la plupart israélites, toujours prêts à faire des avances aux agriculteurs dans le besoin, à des conditions parfois usuraires, il est vrai, mais n'hésitant pas à offrir, d'un autre côté, les combinaisons les plus accommodantes, la promptitude, les longs termes, et, par-dessus tout le reste, la discrétion sur leurs embarras.

Refuge de tous les emprunteurs dont la solvabilité n'est pas absolument assurée, ou qui ont besoin de longs délais pour se libérer, ou encore de tous ceux qui demandent à emprunter de trop petites sommes pour avoir accès chez les capitalistes et déterminer un placement foncier, leur intervention est devenue constante et elle constitue un des traits distincts de la situation du crédit agricole en Alsace. D'un bout de la province à l'autre, l'israélite est un intermédiaire obligé; il est partout, il sait tout, et son rôle ne se borne pas aux avances d'argent, il s'est étendu à toutes les transactions; c'est lui qui, moyennant un prix ferme ou une commission, dont le taux varie entre 10 et 15 p. 100, se chargera de faire toutes les ventes de biens en détail, d'affermer les terres un peu considérables et divisées en nombreuses parcelles, d'opérer les recouvrements, chacun trouvant plus commode de s'affranchir moyennant une minime rétribution des mille ennuis de ces opérations.

Dans cette vaste entreprise, qui tendait à le rendre maître en quelque sorte du crédit en Alsace, l'israélite, on doit le reconnaître, a eu recours à un précieux auxiliaire : le temps. Son intervention, en effet, n'est pas nouvelle dans la province ; M. de la Grange, intendant d'Alsace, la signalait dès 1764 : «Il y a plusieurs familles de juifs établies dans la province, disait-il dans un de ses rapports, qui font toutes sortes de commerce et particulièrement celui des bestiaux et des chevaux......; ils prêtent souvent à usure, prennent des denrées et autres choses en payement, et il n'y a rien où ils ne trouvent quelque tempérament.» Vers la même époque, dans un ouvrage imprimé à Francfort en 1779, sous le titre d'*Observations d'un Alsacien sur l'affaire présente des juifs en Alsace*, un publiciste présentait un douloureux tableau des ravages de l'usure dans la province; de funestes et déplorables représailles ont montré, à différentes reprises, la violence de l'animosité et de la haine que les exactions usuraires des israélites fomentaient dans l'esprit du peuple.

Le temps seul n'a pas servi les efforts du courtier israélite en Alsace, il a trouvé d'autres auxiliaires encore dans l'étonnant ensemble d'aptitudes qu'on lui connaît et qui lui tiennent lieu de génie.

Doué d'un sens pratique peu commun, singulièrement actif et d'une patience que rien ne rebute, habile à deviner les plus secrètes dispositions du paysan, vivant de presque rien, voyageant à très-bon marché, allant à toutes les foires, effectuant ses transports de bétail et de marchandises à très-bas prix, toujours prêt à vendre, à acheter ou à faire des échanges, ne dédaignant aucune affaire si petite qu'elle soit, faisant toute espèce de trafic, ce commerçant constitue un type tout particulier, et l'on s'explique qu'il en soit arrivé à couvrir comme d'un réseau à lui, non-seulement les campagnes alsaciennes, mais encore tout le nord-est de la France, le nord de la Suisse et le sud de l'Allemagne. Ses procédés sont infiniment variés et ils se modifient avec les opérations multiples auxquelles il se livre. Bien des publications les ont mis en lumière et on les voit chaque jour en action. Il ne faut point perdre de vue que les israélites sont presque seuls à prêter par sommes de 100, 200 ou 300 francs, et que de là résulte, en grande partie, le monopole exercé par eux; ils joignent à ces prêts le commerce du bétail et des créances; la plupart d'entre eux possèdent, dans diverses communes de leur choix, quelques parcelles de terre ou de vignes, qu'ils sont toujours prêts à louer, à vendre ou à échanger à la première occasion favorable.

Un emprunteur se présente-t-il pour une somme

de 200 ou 300 francs, ils commenceront, le plus souvent, dit-on, par mettre, pour condition au prêt, l'achat d'une de leurs pièces de terre, en exagérant le plus possible sa valeur. Cette opération se pratique d'ordinaire avec de petits cultivateurs dont les propriétés sont déjà grevées d'une première hypothèque et qui, par conséquent, trouvent difficilement à emprunter ailleurs ; l'emprunteur souscrit donc à toutes les conditions ; il obtiendra trois ou quatre termes annuels pour se libérer avec l'intérêt à 5 p. 100, il ne recevra pas de duplicata de l'acte de vente de l'immeuble dont l'original reste entre les mains du créancier et il verra toujours les premiers à-compte qu'il aura payés imputés sur celui des deux titres qui comprend l'intérêt usuraire ; puis, le jour où il ne restera dû qu'une somme égale à la valeur réelle de l'immeuble, la vente sera refaite avec l'indication du prix qui reste à solder, et le débiteur devra rapporter les quittances des à-compte payés jusqu'à concurrence de la somme.

Si le débiteur d'une somme actuellement exigible n'est pas en état de la payer, l'usurier commence par le menacer de poursuites en justice ; puis il se désistera, à condition que le débiteur consente à lui acheter également une pièce de terre pour la moitié ou le tiers en sus de sa valeur réelle, selon l'importance de la dette de l'immeuble. Le prix en moyenne varie de 30 à 50 p. 100 de la somme échue, suivant le nombre des nouveaux termes accordés pour le payement, en sorte que, réparti entre les divers termes, l'intérêt du prêt réel se trouve parfois élevé à 20 et 25 p. 100.

Il est à remarquer que la grande préoccupation de l'usurier est toujours d'arriver à augmenter progressivement la dette, toutes les fois que son débiteur possédera d'autres biens que ceux qu'il lui a vendus, et dont l'acquéreur n'est pas parvenu à payer entièrement le prix d'achat. Dans ces conditions, ajoute-t-on, l'usurier saura jouer la générosité la plus complète : il ne voudra pas entendre parler du payement des termes échus, et il ne négligera rien pour endormir son débiteur dans une fausse confiance jusqu'au moment où sa liquidation deviendra forcée. S'il arrive, au contraire, que l'immeuble qui fait l'objet de la dette, compose toute la fortune de l'acquéreur, l'usurier profitera de ses premiers embarras pour provoquer la résolution du contrat de vente en invoquant le défaut de payement du prix. Par l'effet de cette résolution, il rentrera en possession de l'immeuble vendu pour le prix mentionné dans l'acte d'aliénation, c'est-à-dire pour la moitié, ou pour les deux tiers de sa valeur; car la moitié ou le tiers du prix d'acquisition est dissimulé du consentement des deux parties, sous prétexte d'éluder les exigences du fisc, et l'acquéreur aura payé comptant la différence entre le prix réel de la vente et la valeur énoncée dans l'acte, sans que ce payement ait été constaté par une contre-lettre ou par une quittance particulière.

Le commerce du bétail vient encore fornir au courtier israélite de nouvelles occasions de spéculer. Un journalier ou un petit cultivateur sera en peine d'une somme peu considérable; il ne pourra pas ou ne voudra pas vendre la pièce de terre qu'il possède, et, n'ayant qu'une seule vache, il ne pourra pas non plus s'en priver. Qu'imaginera le prêteur auquel il s'adressera? Il demandera à acheter la vache pour les deux tiers ou tout au plus les trois quarts de sa valeur, et à cette condition, il consentira à la laisser à bail au cultivateur. Ainsi, en admettant que cette vache ait une valeur de 100 francs, l'israélite en donnera 70 à 80 francs, puis il en passera le bail en l'estimant à sa valeur réelle et même à un prix beaucoup plus élevé, si son créancier le laisse faire et ne soutient pas ses intérêts. Encore le bailleur aura-t-il soin ensuite de prendre pour lui la moitié du croît. Après les baux à cheptel, l'usurier exploite les baux à ferme; il imposera à son débiteur, pour peu que celui-ci habite une localité voisine de quelques terres qu'il possède, de les prendre à bail pour trois, six ou neuf années, moyennant un fermage aussi exagéré que possible.

On n'en finirait pas si l'on voulait, d'après les dépositions reçues par la Commission d'enquête, reproduire en détail toutes les machinations employées par cet habile commerçant pour s'enrichir, pour exploiter à son profit la crédulité et l'ignorance des paysans et les passions naissantes des jeunes gens; pour spéculer enfin sur les achats de créances et de droits litigieux.

De plus, c'est avec un art infini qu'il sait masquer ses stipulations usuraires, sous les formes de ventes, d'échanges, de baux, de transports-cessions et de contrats aléatoires; si bien que la justice est le plus souvent dans l'impossibilité de les atteindre. En Alsace, en effet, les poursuites correctionnelles pour le délit d'usure sont extrêmement rares, et pourtant on voit des villages entiers où l'on a peine à rencontrer un propriétaire solvable. La loi est donc impuissante? se sont demandé plus d'une fois les publicistes alsaciens qui ont traité cette question. Elle n'empêche pas, en effet, de prêter en toute sécurité, et tous les jours, à des taux énormes. Dès lors la liberté du taux de l'intérêt ne serait-elle pas de beaucoup préférable, en admettant, bien entendu, une répression plus rigoureuse pour certaine catégorie de conventions assimilées au vol et à l'escroquerie? Aujourd'hui, en défendant au capitaliste honnête homme de prêter au-dessus du taux légal au cultivateur plus ou moins solvable, en arrive-t-on à livrer précisément ce dernier, pieds et mains liés, à l'usurier? N'est-ce pas lui abandonner tout le domaine des affaires chanceuses et lui assurer en quelque sorte un monopole?

On comprend que le spectacle de l'usure, si ouvertement pratiquée dans les campagnes alsaciennes, et celui du crédit agricole, concentré pour ainsi dire tout entier entre les mains d'une légion de spéculateurs plus ou moins avides, ait éveillé de telles préoccupations. Cependant, il faut le reconnaître, elles n'ont été exprimées jusqu'ici que sous la forme du doute; elles se sont peu répandues, et, en général, on continue à considérer la loi de 1807 comme une barrière, comme un frein apporté au progrès de l'usure.

Peut-être, il est vrai, ne laisse-t-on pas que de compter aussi sur la terreur qu'inspire encore le souvenir des réactions violentes qu'ont occasionnées, dans certaines parties de l'Alsace, les excès toujours croissants de l'usure. On n'a pas oublié les scènes déplorables qui ont eu lieu dans le courant de l'année 1848 et qui ont à cette époque vivement frappé l'attention publique. C'est une opinion malheureusement accréditée dans la province, que le paysan ne peut pas lutter contre les manœuvres du courtier israélite, qu'il devient fatalement en quelque sorte sa victime; et c'est ainsi qu'il faut s'expliquer sans doute les mesures violentes et radicales sollicitées à diverses époques contre les juifs d'Alsace, sans le moindre souci du droit et de la justice.

Ainsi une pétition adressée en 1818 aux Chambres des pairs et des députés par un habitant du Sundgau, n'allait à rien moins qu'à demander la déportation des juifs en masse dans d'autres départements où, n'ayant pas la même facilité pour pratiquer l'usure, on pouvait espérer qu'ils s'habitueraient à exercer d'autres métiers, et s'adonneraient à la culture du sol ou à l'industrie. Les départements des Vosges, de la Meurthe et celui de la Moselle paraissaient à l'auteur de la pétition remplir toutes les conditions voulues pour les recevoir et pour en délivrer l'Alsace sans que ces départements en souffrissent. Aucune difficulté pratique n'arrêtait le pétitionnaire, et la mesure digne du moyen âge qu'il indiquait était, à son gré, la seule qui pût écarter de l'Alsace un fléau sans lequel tous les habitants de cette belle contrée seraient, disait-il, heureux et prospères. Étrange confusion des causes du mal et des moyens d'y remédier, qui montre le degré d'aveuglement auquel peut amener la passion.

Nous n'avons considéré jusqu'ici les courtiers israélites que sous un seul aspect; mais il ne serait pas juste de donner à penser que leurs déplorables pratiques soient générales et sans aucune compensation. On ne saurait méconnaître le rôle important qu'a joué l'israélite dans le mouvement ascensionnel qui s'est manifesté parmi les journaliers, les ouvriers ruraux; mouvement dont nous avons parlé plus haut. C'est son intervention, sans aucun doute, qui a facilité à beaucoup d'entre eux l'accès de la propriété. Besoigneux pour la plupart, contraints de demander de très-longs délais, n'effectuant leurs payements que d'une façon très-irrégulière, ces journaliers n'auraient pu trouver ailleurs les capitaux qui leur étaient nécessaires pour les réunir à leurs petites économies et acheter quelques morceaux de terre.

Le courtier israélite seul pouvait s'accommoder de telles conditions, prendre patience, consentir à maint délai, et permettre ainsi à son débiteur d'arriver, à force de travail et d'économie, à affranchir sa terre et à compter au nombre des propriétaires. D'un autre côté, dans l'absence complète de moyens de crédit organisés, seul à faire aux cultivateurs des avances consistant en de petites sommes d'argent, s'il a pu réaliser de cette façon quelques tristes spéculations, il n'est pas non plus sans avoir offert bien souvent un secours opportun.

Il faut bien en convenir également, la faute de tout le mal attribué aux israélites doit remonter tout autant, sinon plus, à ceux qui ont été victimes de leurs opérations : un débiteur exact et énergique aurait su profiter de ces facilités de crédit pour augmenter sa prospérité au lieu de s'en servir pour courir invariablement à sa perte. Ce qui a presque toujours contribué à rendre le cultivateur alsacien tributaire de l'usurier et à lui faire trouver la ruine dans ses rapports avec lui, ce sont ces retards qu'il a apportés à se libérer d'une dette souvent peu considérable à l'origine, c'est la facilité avec laquelle il l'a laissée grossir. Que de fois, au lieu de consacrer à l'extinction de sa dette les ressources qu'il arrivait à se créer, ne les a-t-il pas employées à faire de nouvelles acquisitions foncières ! Que de fois aussi, lorsque la vente de quelques arpents de terre faite en temps opportun pouvait le sauver de tous ses embarras, ne s'est-il pas obstiné à laisser plutôt s'accumuler terme sur terme, souscrivant ainsi par avance aux conditions les plus onéreuses; mais son orgueil était satisfait: il comptait au nombre des gros propriétaires; il pensait de la sorte, se berçant jusqu'au dernier moment d'une confiance outrée, et de l'espoir que ses ressources futures, des récoltes abondantes, la vente de quelques pièces de bétail, suffiraient à tout!

Enfin peut-être y a-t-il lieu surtout de croire que le commerce si multiple et si actif auquel se livre le courtier israélite, que ses continuels trafics portant sur toutes choses et ne laissant rien se perdre, n'ont pas été sans action sur le développement des affaires au sein des campagnes, sur la facilité qu'a rencontrée l'écoulement des produits agricoles, sur les relations avantageuses créées entre les différents centres de production, entre les différents marchés. C'est grâce à ces courtiers que les grands comme les petits cultivateurs peuvent opérer leurs achats et leurs ventes chez eux, se dispenser de courir les foires et les marchés en perdant beaucoup de temps et beaucoup d'argent, et consacrer à leurs cultures tout leur temps et tous leurs soins.

Il est difficile d'admettre qu'un tel esprit de négoce, s'il a eu souvent de fâcheuses conséquences, n'ait point aussi apporté avec lui ses avantages et n'ait rendu au pays de réels services.

Les israélites n'ont pas toujours été les uniques dispensateurs du crédit au sein de l'agriculture alsacienne : nous avons indiqué déjà, au début de ce chapitre, les facilités que peut rencontrer l'emprunteur d'une solvabilité reconnue. A ces facilités est venue se joindre pendant un temps une ressource considérable : les capitalistes bâlois ont entrepris en effet, non-seulement de faire de larges avances aux agriculteurs alsaciens qui réclamaient leur concours, mais ils ont été au-devant des placements fonciers dans la province où ils entretenaient même des agents pour favoriser ces opérations.

Aussi, dans un des écrits relatifs à l'usure auxquels nous avons fait allusion, le publiciste alsacien, voulant détourner ses compatriotes de s'abandonner à la discrétion des usuriers, les presse-t-il de s'adresser aux capitalistes bâlois qui leur donneront de l'argent au taux de 5 et même de 4 p. 100. «Les juifs eux-mêmes, ajoutait le publiciste, ne vous ont-ils pas montré le chemin? Ne sont-ce pas les Bâlois qui, connaissant leur sagacité, leur fournissent à un taux modéré tous les fonds qui leur manquent, et alimentent ainsi leurs spéculations, tandis que vous, vous payez du plus pur de vos sueurs les bénéfices exorbitants de ces négociations.»

Le conseil a été promptement et peut-être même trop bien goûté; agriculteurs et même industriels ont largement mis à profit cette ressource, à tel point que, à une époque, on ne pouvait guère citer une localité en Alsace où n'eussent point pénétré quelques créances bâloises. Cependant cet état de choses n'a eu que peu de durée; les emprunts ne se sont pas renouvelés; les anciennes créances ont été éteintes peu à peu, et aujourd'hui les capitaux de Bâle, si abondants jadis, sont devenus fort rares dans la province. On ne peut se défendre de voir dans ce mouvement le signe d'une amélioration réelle dans la situation du crédit en Alsace. Toutefois, il est juste de constater aussi que les capitalistes bâlois se sont de plus en plus détournés des placements qui les avaient si fort séduits d'abord. Les exigences de notre régime hypothécaire n'ont pas peu contribué à les mettre en souci. Il est arrivé à plus d'un de ces capitalistes, persuadés que l'effet de l'hypothèque subsistait en France, comme en Suisse, jusqu'au parfait remboursement, de laisser périmer son inscription et de se trouver ainsi primé par des créanciers postérieurs. D'un autre côté, sollicités par de vastes entreprises financières de toutes sortes, ils ont été insensiblement conduits à donner à leurs capitaux une tout autre direction. Peut-être sera-t-on tenté de croire également que la création en France de grands établissements de crédit agricole n'a pas été étrangère à ce changement, et que les avances faites par ces établissements sont venues remplacer, pour le cultivateur alsacien, le concours des capitaux bâlois. Ce n'est point ce que démontrent les faits: l'intervention des grandes institutions de crédit qui aurait dû, ce semble, se faire sentir en Alsace plus efficacement que partout ailleurs, est demeurée jusqu'ici à peu près nulle. Ainsi la somme totale des prêts faits dans le département du Haut-Rhin par le Crédit foncier de France, depuis son installation jusqu'au 1ᵉʳ janvier 1866, s'est élevée à 398,250 francs, et encore faut-il déduire de ce chiffre une somme de 300,000 francs avancée pour la construction des cités ouvrières de Mulhouse.

Des opérations aussi restreintes, dans une province où la situation du crédit agricole est si défectueuse, ne doivent pas laisser que d'étonner; elles frappent d'autant plus, que la combinaison qui forme le fond de l'organisation du Crédit foncier, c'est-à-dire les prêts à longs termes et le remboursement par annuités, y est généralement considérée comme très-avantageuse pour l'agriculture. On a diversement expliqué ce fait en faisant valoir tour à tour l'éloignement du siége du Crédit foncier, l'absence de comptoirs en province, l'impossibilité manifeste où se trouvent ses agents d'apprécier la situation réelle des emprunteurs, les formalités longues et compliquées dont les prêts sont entourés, et, par-dessus tout le reste, l'irrégularité des titres de propriété, qui est très-grande dans la province. Il est vrai que ce dernier inconvénient peut se confondre avec les deux premiers, car bien des garanties d'une nature différente peuvent couvrir cette irrégularité, et elle n'a un réel caractère de gravité que lorsqu'il n'est pas possible de se rendre un compte exact des conditions où se trouve l'emprunteur. Or, dit-on, c'est précisément ce qui arrive au Crédit foncier.

Il n'est pas indifférent d'insister sur cette irrégularité des titres de propriété en Alsace; elle est générale et constitue un état de choses très-fâcheux. Peu de provinces offrent assurément l'exemple d'une aussi frappante incertitude dans la propriété, et la cause qui l'engendre n'est elle-même que trop regrettable.

L'habitude de constater les mutations de propriétés par de simples actes sous seing privé s'est partout répandue, et le cultivateur, uniquement préoccupé d'éluder des droits et des frais qu'il considère comme excessifs, se détourne de plus en plus des conventions régulièrement contractées. Un exemple le prouvera: dans un canton du Bas-Rhin, pendant la seule année 1865, à côté de 997 contrats notariés, translatifs de propriétés, il a été procédé à 675 actes sous seing privé de même nature. Cette tendance n'est pas seulement extrêmement regrettable à cause de la confusion qu'elle entraîne dans l'état de la propriété; c'est une des causes qui contribuent le plus à mettre le paysan, souvent ignorant, sachant à peine signer son nom, à la merci des courtiers qui, pour gagner davantage, ont intérêt à se passer de l'intervention d'un notaire.

Mais revenons à l'action des grandes institutions de crédit dans la province. Quelle que soit la valeur des diverses raisons que nous venons d'énumérer, il est constant que la création de ces établissements a été sans influence sur la situation du crédit agricole en Alsace, et que jusqu'ici, par conséquent, l'agriculture n'y a point trouvé un secours réel. Les projets n'ont point fait défaut pour arriver à suppléer à cette insuffisance par la création d'institutions de crédit local, et aujourd'hui encore plusieurs entreprises sont discutées: nous les passerons en revue lorsqu'il sera question des vœux exprimés dans l'Enquête agricole.

Une tentative même a été faite pour appliquer au crédit agricole la forme de sociétés de coopération, et, en ce moment, une association de ce genre, calquée, en grande partie, sur les sociétés de crédit qui ont pris naissance en Allemagne, fonctionne dans un centre rural du canton de Ribeauvillé. L'entreprise étant encore à ses débuts, il serait difficile de la juger. Cependant, à nos yeux, elle aurait, malgré ses imperfections, bien des chances de succès. Malheureusement une association constituée sous cette forme est exposée à rencontrer, dans les campagnes, des inconvénients de diverses natures que ne présentent pas les centres urbains et commerçants où se développent et prospèrent les sociétés coopératives: bornant leurs avances de fonds au cercle de leurs sociétaires, ces associations risquent de ne trouver dans les campagnes que peu ou point d'emprunteurs. Les cultivateurs qui se décideront à en faire partie et qui verseront régulièrement les termes de leur cotisation, seront, pour la plupart, des gens laborieux et économes; ils n'y verront guère qu'une institution de prévoyance, et auront le plus rarement possible recours au crédit.

D'un autre côté, il est à remarquer que les époques de l'année où le cultivateur se trouve dans la nécessité de recourir au crédit, sont les mêmes pour tous; on peut à peu près les prévoir. Or le fonds social de ces associations étant composé du montant des cotisations payées par l'ensemble des sociétaires, il est facile de se rendre compte des conséquences qu'entraînerait nécessairement un concours simultané de demandes d'emprunt au même moment.

On ne saurait se le dissimuler, l'un des principaux obstacles que rencontrent en ce moment les efforts tentés pour améliorer la situation du crédit agricole dans la province, consiste dans l'appréciation même que cette situation inspire à un grand nombre d'esprits. Au gré de cette opinion, il serait fort à regretter que de plus grandes facilités de crédit fussent données au cultivateur alsacien.

La situation du crédit s'est, dit-on, en somme, beaucoup améliorée. Depuis 1848, et surtout de 1850 à 1856, le poids de la dette hypothécaire s'est constamment allégé; les notaires ne font presque plus de placements de ce genre; et, s'il est vrai que les capitaux aient montré un certain empressement à se porter vers les valeurs mobilières à l'époque où le passif hypothécaire se réduisait, ils ne se sont pas détournés réellement des placements fonciers et sont toujours disposés à y revenir. Les valeurs mobilières sont en définitive peu nombreuses dans les centres ruraux; le cultivateur n'aime point à faire des placements lointains: il tient à avoir son débiteur non loin de lui, et c'est pourquoi la diffusion des grandes compagnies et entreprises financières n'a guère eu prise sur les campagnes.

On ajoutait qu'un cultivateur qui offre quelques garanties de solvabilité et de moralité est assuré de pouvoir se procurer de l'argent à un taux modéré. Qu'on multiplie pour lui ces facilités de crédit, et il en abusera infailliblement, car il n'est déjà que trop porté à le faire aujourd'hui.

On le verra user du crédit avec une imprévoyance aveugle, et l'employer exclusivement à de nouvelles acquisitions foncières. Ses embarras ne feront donc que s'accroître, et le prix de la propriété, déjà trop élevé, s'augmentera encore. On se tromperait en pensant que ces nouvelles ressources seraient appliquées à réaliser des améliorations foncières. C'est bien rarement le but des emprunts souscrits par les cultivateurs. L'essentiel, en Alsace, n'est point de mettre à la disposition des cultivateurs de plus grandes facilités de crédit, mais de moraliser le crédit lui-même, d'amener l'agriculteur à emprunter ouvertement, hautement, et de le détourner de l'incroyable et malheureuse habitude qui le pousse à recourir aux prêts usuraires, alors même qu'il pourrait se procurer des capitaux aux conditions les plus acceptables. C'est là le fléau, ajoute-t-on, et il n'y en a point d'autre.

Parmi ces considérations, beaucoup sont assurément fort justes. Cependant on exagérerait singulièrement la situation, si, d'une manière générale, on affirmait que le cultivateur fera toujours un usage irrationnel et souvent un usage fâcheux des nouvelles facilités de crédit qui lui seraient données.

Que l'agriculture alsacienne, dans les conditions où elle est constituée aujourd'hui, se trouve dans la nécessité de recourir fréquemment au crédit, cela n'est pas contestable; qu'il soit nécessaire, pour le cultivateur qui veut emprunter, de réunir bien des garanties de moralité et de solvabilité, afin d'obtenir facilement, comme on l'avance, des capitaux à un taux de 4 ou de 5 p. 100, cela n'est pas plus contestable. Enfin, les faits eux-mêmes démontrent que les avances, consistant en de petites sommes, sont très-difficiles sinon impossibles à obtenir, la plupart du temps, des capitalistes, et sont consenties presque exclusivement à des conditions usuraires. Une telle situation prête évidemment à des améliorations, et l'on saurait d'autant moins s'étonner des projets de réforme et d'entreprises diverses qu'elle suscite, qu'il est permis d'y voir une cause de retard et de souffrance pour l'agriculture alsacienne.

CHAPITRE XI.

L'ENQUÊTE AGRICOLE ET SES VŒUX.

L'Enquête agricole a été ouverte en Alsace dès les premiers jours du mois d'octobre, et elle a été poursuivie pendant toute la durée de ce mois.

Les deux Commissions, sous la présidence du membre de la Commission supérieure chargé de diriger l'Enquête dans cette circonscription, avec le concours de M. A. SIMONS, propriétaire-agriculteur, commissaire délégué du Gouvernement, et de M. Léon LEFÉBURE, auditeur au Conseil d'État, agissant comme secrétaire, comprenaient les membres suivants :

Dans le Haut-Rhin :

MM. le baron HESSO DE REINACH, député au Corps législatif et maire de Hirtzbach (Haut-Rhin);

Aimé GROS, député au Corps législatif, propriétaire-agriculteur à Ollwiller (Haut-Rhin);

Mathieu THIERRY-MIEG, président de la Société d'agriculture du Haut-Rhin;

François LANG, agriculteur, président du tribunal de commerce de Belfort;

Xavier JOURDAIN, agriculteur, membre du conseil général du département et agriculteur à Altkirch[1];

---

1. M. Xavier Jourdain n'a pu prendre part aux travaux de la Commission pour cause de maladie.

MM. Alfred STOECKLIN, agriculteur, lauréat de la prime d'honneur agricole du Haut-Rhin, en 1857;

le baron DE MULLENHEIM, secrétaire général de la préfecture du Haut-Rhin.

M. EICHER, chef de bureau à la préfecture du département, a rempli les fonctions de secrétaire adjoint.

Dans le Bas-Rhin :

MM. SCHATTENMANN, propriétaire-agriculteur, membre du conseil général, lauréat de la prime d'honneur agricole du Bas-Rhin, en 1866;

GOLDENBERG, conseiller général, industriel et agriculteur à Bouxwiller, près Saverne;

le baron DE REINACH, conseiller général, président du comice agricole de Schlestadt;

le baron DE BULACH, conseiller général, chambellan de Sa Majesté, propriétaire-agriculteur;

LIPPMANN, propriétaire-agriculteur;

LEMAISTRE-CHABERT, conseiller général, président du comice agricole de l'arrondissement de Strasbourg;

le comte DE LEUSSE, conseiller général, propriétaire-agriculteur de l'arrondissement de Wissembourg;

GAUCKLER, président du comice agricole de l'arrondissement de Wissembourg;

le comte DE GUERNON-RANVILLE, auditeur au Conseil d'État, secrétaire général de la préfecture du Bas-Rhin.

M. MEHL, chef de bureau à la préfecture du département, a rempli les fonctions de secrétaire.

Les opérations de l'Enquête ont commencé par le Haut-Rhin; 18 personnes avaient demandé à être entendues dans ce département par la Commission; mais, pensant qu'il convenait d'entendre les agriculteurs en état de l'éclairer le mieux, la Commission a

dressé une liste de 65 personnes, et afin de permettre aux cultivateurs des localités les plus éloignées
de répondre à son appel, elle s'est déplacée et a tenu
successivement ses séances à Colmar, à Mulhouse et
à Altkirch. Dans le département du Bas-Rhin, la position centrale de Strasbourg, reliée à tous les centres
agricoles par des chemins de fer, a permis à la Commission de siéger dans le chef-lieu; toutefois, le président, accompagné du secrétaire, a tenu à faire une
exploration dans les deux départements, après l'Enquête orale, afin d'examiner d'aussi près que possible
la situation de l'agriculture alsacienne.

45 personnes sont venues déposer devant la Commission départementale du Haut-Rhin, et 26 devant
celle du Bas-Rhin sur 40 personnes convoquées.

42 Questionnaires écrits ont été adressés à la
Commission du Haut-Rhin et 26 à celle du Bas-Rhin.

Les observations et les vœux renfermés dans les
dépositions écrites et orales ont été recueillis avec un
grand soin et consignés dans un travail d'ensemble
annexé à ce rapport; ce document, joint aux pièces de
l'Enquête, permet d'aborder immédiatement et successivement les questions les plus importantes qui se
rattachent directement au but de l'Enquête, en suivant l'ordre adopté dans le Questionnaire officiel.

La propriété.

Situation. — Toutes les dépositions s'accordent à
déclarer que la propriété est très-divisée dans les

deux départements, que chaque domaine rural est composé d'un grand nombre de petites parcelles éparses sur toute l'étendue du territoire. La division se continue; toutefois, dans le canton d'Ensisheim (déposition de M. Halm), le morcellement se serait arrêté; le bien-être, l'accroissement de fortune de la population rurale auraient provoqué une tendance plus forte vers la reconstitution de propriétés compactes, que vers leur morcellement à l'infini.

Si la division favorise la production et les progrès agricoles, par contre l'éparpillement cause de graves préjudices par les pertes de temps et de travail qu'il entraîne avec lui, lesquelles pertes augmentent sensiblement les frais de production.

Vœux pour remédier aux inconvénients de la division du sol à l'extrême, et surtout de l'éparpillement du terrain en parcelles infinies.

1. La grande majorité des déposants demande le retour de la loi de 1824, qui facilite les échanges des parcelles contiguës en imposant un droit très-faible. Les deux Commissions départementales appuient ce vœu et estiment que ce serait une excellente mesure.

2. Quelques personnes pensent que le système des réunions territoriales, tel qu'il est pratiqué depuis longtemps déjà en Allemagne, rendrait aussi les plus grands services; et elles sollicitent son application en Alsace.

Il est incontestable que la réunion de toutes les parcelles éparses appartenant au même propriétaire dans une localité a permis de réaliser de très-grands progrès partout où elle a eu lieu.

La loi sur la réunion des parcelles porte incontestablement une forte atteinte au droit de propriété, mais il en ressort de tels avantages que ceux mêmes qui, en Allemagne, l'ont combattue avec le plus d'acharnement, lui sont devenus plus attachés que les autres une fois qu'elle a fonctionné. Au premier rang, parmi ces avantages, se trouvent la liberté d'action, la possibilité d'utiliser le terrain de la façon la plus parfaite, l'établissement de chemins en nombre suffisant, le gain de la superficie occupée auparavant par des routes devenues inutiles, l'économie de temps et de surveillance dans les travaux et, par suite, l'augmentation de valeur des biens ruraux. L'expérience a prouvé que, au bout de peu d'années, les magasins sont devenus insuffisants pour renfermer les récoltes des communes qui ont fait la réunion.

Quant aux frais qu'entraînent ces opérations, ils sont généralement couverts par la valeur des terrains de route économisés.

Il semble aussi facile d'effectuer de semblables réformes en Alsace que dans le Wurtemberg ou en Saxe, d'autant plus que quelques communes dans le Bas-Rhin ont tenté déjà avec succès, au commencement du siècle, une opération analogue. L'importance de ces réunions et les immenses avantages qui en résulteraient méritent d'attirer l'attention du Gouvernement.

3. Plusieurs déposants ont demandé l'interdiction de subdiviser le sol arable au delà d'un minimum de contenance [1]. Une loi contre le démembrement des parcelles a été aussi faite dans quelques contrées de l'Allemagne, pour empêcher la division du sol au delà d'une certaine limite ; mais elle a eu moins de succès que la loi dite *des réunions*. Il y aurait de grandes difficultés pratiques à fixer l'unité légale, indivisible, qui convient à chaque situation ; en même temps, ce serait l'une des plus graves atteintes au droit de propriété. Qui pourrait sans crainte d'erreur fixer par une loi la grandeur indivisible la plus avantageuse à la production ? aussi, autant nous recommandons l'adoption des lois allemandes dites *des réunions territoriales*, autant sommes-nous d'avis de repousser celles qui, fixant une limite absolue au morcellement, établissent pour chaque culture des étendues de terres indivisibles.

4. Un seul déposant a demandé la suppression du premier alinéa de l'article 826 du Code civil, qui donne droit au partage absolu en nature dans les successions.

Location de propriété.

Les rapports des locataires avec les propriétaires de biens ruraux ne laissent rien à désirer. Les baux sont de courte durée ; ils sont faits généralement

---

1. 10 ares pour les terres arables et les prés ;
   5 ares pour les vignes.

pour trois, six ou neuf ans, quelquefois pour douze ans, rarement pour dix-huit ans. Un déposant (Bas-Rhin) est venu se plaindre de la brièveté de la durée des baux passés par l'hospice de Strasbourg, et il donnait pour raison que c'est une entrave au progrès.

Tout en reconnaissant que les locations à long terme sont désirables dans l'intérêt des améliorations agricoles et de la stabilité des fermiers, la Commission ne pense pas qu'on puisse intervenir dans cette question.

Crédit.

Tous les déposants se plaignent de l'organisation du crédit agricole en Alsace. Le Crédit foncier n'est d'aucun secours ; il n'a rendu aucun service à l'agriculture alsacienne ; son siége est trop loin ; il exige pour les prêts des formalités trop nombreuses et souvent impossibles à remplir, comme, par exemple, la possession de titres de propriété parfaitement en règle. De plus, les fonds, trouvant de meilleurs placements dans l'industrie, alléchés par l'appât des gros revenus promis et rarement donnés cependant, abandonnent la campagne ; enfin, l'absence d'établissements de crédit met le public agricole à la merci des usuriers ; toutefois, plusieurs déposants font remarquer que les cultivateurs solvables trouvent facilement à emprunter ; ce sont les personnes endettées et ne remplissant pas leurs engagements qui se livrent aux mains des usuriers.

L'amour exagéré de la propriété porte, d'un autre côté, ceux qui ont peu d'argent à emprunter pour acheter de la terre, et la ruine s'ensuit. Tout en admettant que certains cultivateurs sont les artisans de leur propre malheur, s'ils contractent des dettes onéreuses ou s'ils se laissent entraîner dans des affaires d'achats ou de trocs désavantageux, il n'en est pas moins vrai que, d'après toutes les dépositions, la situation du crédit réclame un remède en Alsace. Il importe que l'agriculteur trouve les facilités de crédit que le commerce et l'industrie ont à leur disposition dans les villes, et qu'il apprenne à en user modérément.

Vœux. — Le plus grand nombre des déposants appelle de tous ses vœux la création de banques agricoles à l'instar de celles qui fonctionnent avec tant de simplicité et de succès en Écosse dans les plus petites communes rurales. Quand on a vu le jeu facile et prompt de ces banques, on en vient à désirer leur réalisation dans nos campagnes. Il est à noter que les petites succursales, ou *branch*, ne servent pas exclusivement à l'agriculture; le commerce et l'industrie y ont également recours; ce sont des banques de dépôt où chacun trouve un crédit en rapport avec sa solvabilité, son honorabilité, et l'importance de ses affaires. Cette institution s'est ramifiée sur toute la surface du territoire, de façon à être à la portée de chaque agriculteur; aussi n'est-il pas un cultivateur, si petit qu'il soit, qui n'ait son compte ouvert dans une *branch*, et son livret de bons; personne ne garde d'argent chez soi, tout va à la banque et en vient; c'est un mouvement continuel des fonds, mouvement profitable à chacun, puisqu'il n'y a pas un jour d'intérêt perdu, et que les dépôts et retraits s'effectuent avec une promptitude merveilleuse et presque sans frais. L'administration des *branch* ou comptoirs établis dans les communes rurales est d'ailleurs excessivement simple. Là, point de capital engagé dans des édifices coûteux; la confiance dans l'institution naît de sa solidité, de l'honorabilité des hommes qui y ont engagé leur fortune et de la capacité de ses directeurs; pas de personnel surabondant: c'est le médecin seul ou l'instituteur, ou une personne notable, avec ou sans aide, qui compose tout le personnel d'une *branch*. La caisse se trouve dans son habitation; tout se passe pour ainsi dire en famille, et il est extrêmement rare que la banque essuie des pertes. Telle est la simplicité du fonctionnement de ces *branch*, que, partout où doit se produire un certain mouvement d'affaires, ne serait-ce que pendant quelques jours, comme dans les importants marchés de bétail du Nord, au printemps et à l'automne, il s'établit immédiatement un comptoir dans une simple baraque en planches, et quelques centaines de mille francs suffisent pour donner lieu à plusieurs millions d'affaires. La fondation d'une telle institution en Alsace serait certainement un bienfait pour l'agriculture: le cultivateur, trouvant près de lui de très-grandes facilités d'un côté pour déposer et faire valoir ses fonds, et de l'autre, pour en retirer ou en obtenir à des conditions très-peu onéreuses, quand il offrirait des garanties convenables, ne serait plus à la merci des usuriers et n'aurait plus aucune raison pour garder de l'argent enfoui inutilement au fond d'une armoire. Le goût de l'épargne se développerait, et les capitaux reprendraient leur courant vers nos campagnes, au grand avantage de l'agriculture et de l'industrie nationale.

Déjà quelques efforts isolés ont été tentés sous ce rapport en France, et l'association de crédit fondée à Beblenheim (Haut-Rhin) est une heureuse tentative dans ce sens. La majorité des déposants pense que l'initiative privée suffirait pour ces créations.

Quelques personnes toutefois, et parmi elles M. Flaxland, dans une série de lettres pleines d'excellents aperçus, publiées par le *Courrier du Bas-Rhin*, à propos de l'Enquête, sont d'avis que l'État seul peut créer des institutions de crédit, avec le caractère d'utilité publique, pouvant se ramifier dans toute la France, pénétrant jusqu'au cœur des campagnes et offrant aux petits comme aux gros capitaux confiance et sécurité. «Aucune compagnie ou entreprise privée, ajoute M. Flaxland, ne saurait se procurer dans nos campagnes des renseignements aussi précis, aussi exacts, sur les contribuables, que le saurait faire l'État à l'aide des percepteurs, des employés des contributions directes ou indirectes; on peut dire, en un mot, que nul n'est placé plus près du cultivateur que ne l'est l'État lui-même. Rien ne prouve que l'État, qui a organisé les banques de dépôts ou caisses d'épargne, ne puisse, en employant et agrandissant le même personnel, établir également des banques de prêts. »

M. Louis Pasquay, dans une communication fort remarquable, annexée à sa déposition, voudrait, et il donne de bonnes raisons à l'appui de son opinion, que l'État affectât au service des banques agricoles, avec facilité de rembourser à long terme, la somme mise à la disposition du Crédit foncier pour le drainage des terres humides, afin que ce capital puisse favoriser la création de ces établissements éminemment utiles, et reçoive la destination que l'État a lui-même en vue, à savoir l'accroissement de la production et l'augmentation de la prospérité du pays.

Dans le même ordre d'idées, il est incontestable que la multiplication des succursales de la Banque de France, l'établissement d'un nombre suffisant de comptoirs du Crédit foncier et du Crédit agricole, destinés à rendre ces établissements accessibles aux cultivateurs, seraient d'un grand secours à l'agriculture, si l'on simplifiait en même temps les formalités prescrites par leurs statuts.

Ces établissements, en répondant ainsi au but de leur création, perdraient le caractère de spéculation qu'on leur reproche universellement, et leur privilége serait justifié.

Plusieurs déposants sollicitent la transformation des caisses d'épargne en institutions de crédit, prêtant leurs fonds comme prêts chirographaires aux cultivateurs désireux de réaliser des améliorations foncières, l'État fournirait sa garantie et s'indemniserait par le bénéfice de la différence entre le taux de l'intérêt servi aux déposants et le taux payé par les emprunteurs.

D'autres déposants ont pensé qu'on pourrait encore attirer l'argent vers la campagne, en diminuant les charges (droits perçus par le notaire, enregistrement et timbre) qui pèsent sur les emprunts hypothécaires. Quoiqu'il soit désirable, cet allégement de droit n'aurait probablement pas d'aussi grands résultats qu'on le pense; au reste, la tendance des fonds agricoles à se porter vers les grandes affaires de bourse semble se ralentir : une réaction favorable est signalée dans les arrondissements de Strasbourg et de Schlestadt.

La chambre consultative de Colmar a demandé le maintien de la loi sur l'usure.

La modification de l'article 2102 du Code civil dans le sens d'une restriction du privilége accordé aux propriétaires sur les valeurs mobilières des fermiers, pourrait, d'après M. E. Oppermann, contribuer à élargir le crédit. Il ajoute, avec raison, qu'il serait bon aussi, dans le même but, d'appliquer la législation commerciale aux agriculteurs.

En résumé, il ressort de l'ensemble des dépositions et des discussions, que c'est à l'initiative privée qu'il appartient de développer les établissements de crédit agricole qui manquent au pays. Tout ce qu'on peut demander au Gouvernement, c'est de prendre toutes les mesures propres à favoriser l'essor et le libre développement de ces institutions; c'est encore d'obliger la Banque de France à multiplier ses succursales dans tous les centres agricoles importants, de faire créer de nombreux comptoirs du Crédit foncier dans les campagnes, en simplifiant néanmoins les formalités des prêts, afin que ces établissements atteignent réellement et complétement leur but, l'utilité publique.

Enfin, comme corollaire, les deux Commissions recommandent encore la propagation d'une bonne instruction économique, qui apprenne aux cultivateurs à se servir avantageusement du crédit, et à ne pas en faire un instrument de perte, sinon de ruine.

Main-d'œuvre.

Les dépositions sont unanimes pour signaler une très-grande amélioration dans le bien-être et dans l'instruction de la classe rurale. Les journaliers agricoles y ont surtout participé, et une heureuse tendance est signalée chez eux, comme chez les ouvriers de l'industrie, celle de devenir propriétaire au grand bénéfice de la stabilité et de la morale; mais à ce tableau il y a une tache. Toutes les dépositions accusent moins d'attachement du domestique pour le maître que d'exigence pour la nourriture.

Les salaires ont haussé de 50 p. 100 au moins depuis trente ans, et, malgré l'accroissement notable de la population, les ouvriers sont devenus rares : c'est un des effets inévitables du progrès social : Bastiat l'a prouvé. Lorsque la richesse publique augmente, la part qui revient au capital s'accroît dans une proportion moins grande que celle qui échoit au salaire. Tout le monde gagne au progrès, partout le bien-être augmente, mais il se développe principalement chez l'ouvrier : voilà la cause générale de l'augmentation des salaires.

La demande des ouvriers, conséquence de l'abondance des capitaux et de l'activité industrielle, s'accroît plus vite que leur offre ; donc les salaires doivent hausser ; ils doivent hausser partout, pour l'agriculture comme pour les autres industries. Le fait se produit dans l'Europe entière.

Un autre fait également se manifeste dans toute l'Europe, c'est la tendance des populations à se porter de plus en plus vers les villes ; surtout vers celles où aboutissent de grandes lignes de chemins de fer.

Il est facile de démontrer (comme l'a fait un agronome aussi savant que modeste, et dont le nom est cher à l'Alsace, M. Eugène Rissler, dans le remarquable travail qu'il a publié sur l'influence économique des chemins de fer en Suisse) que les avantages dont jouissent les grands centres de population, avantages qui précédemment les avaient déjà faits grands, sont multipliés par les voies ferrées auxquelles ils ont servi de jalons. Les industries qui y existaient ont dorénavant leurs matières premières à meilleur marché; elles vendent plus facilement leurs produits fabriqués, elles font plus de bénéfices, et elles se développent plus librement, d'où résulte encore la tendance à la hausse des salaires; elles font appel aux ouvriers, qui, obéissant au désir légitime d'améliorer leur bien-être, accourent des campagnes vers les villes.

Certes, il y a une part d'illusions dans les avantages que promettent les grandes villes : souvent on échange l'*aurea mediocritas* contre des chances de richesses qui s'évanouissent; mais il y a, sous l'exagération, un besoin économique qui correspond à un progrès social. Les populations se déplacent, mais en se déplaçant elles améliorent leur situation. Il se fait donc un vide dans les campagnes, de là un nouveau motif de hausse pour les salaires.

A ces causes s'en joint encore une autre dont l'action n'est pas aussi puissante : la population ne s'accroît plus aussi vite en France qu'au commencement du siècle, les naissances sont moins nombreuses dans les familles; d'un autre côté, l'étendue des terres cultivées a augmenté, en même temps que la culture, devenue plus intensive, plus industrielle, a vu croître considérablement ses exigences de main-d'œuvre.

Cette rareté des journaliers est sensible pour tout cultivateur qui emploie des ouvriers domestiques, et l'est d'autant plus qu'il en emploie davantage; elle se fait surtout sentir à l'époque de la moisson; elle importe peu ou point au petit propriétaire qui fait lui-même, avec sa femme et ses enfants, tous les travaux nécessaires à la culture de son domaine. Or ce dernier cas est très-fréquent en Alsace, donc la hausse de la main-d'œuvre y est moins sensible pour la production agricole que dans les pays de grande culture, comme la Beauce ou la Brie. Néanmoins elle augmente considérablement les frais d'exploitation des grandes et des moyennes propriétés.

Comment remédier à cette situation? Comment l'agriculteur pourra-t-il éviter les inconvénients de cette hausse des salaires et de cette rareté de bras, rareté qui, dans certaines localités, a déjà été jusqu'à compromettre des récoltes, faute de moissonneurs? Est-ce, ainsi que la plupart des déposants l'ont demandé, par l'application aux ouvriers ruraux des dispositions de la loi du 22 juin 1854 relatives aux livrets? C'est plus que douteux, d'après le témoignage des hommes qui ont pu le mieux apprécier les effets de cette loi.

Est-ce, comme quelques-uns l'ont pensé, par l'extension des franchises municipales pour donner plus d'attrait au séjour des cantons ruraux? C'est encore douteux.

Doit-on solliciter et désirer l'accroissement du nombre des ouvriers occupés à la production agricole? Les considérations développées dans la première partie de ce travail (page 58) répondent à ce vœu : ce que l'agriculture doit ardemment souhaiter, c'est l'augmentation du nombre des consommateurs. Elle a, on ne saurait trop le répéter, assez d'ouvriers; ce qui lui manque, c'est l'emploi convenable des bras dont elle dispose, afin d'en tirer le maximum d'effet utile. Combien n'y a-t-il pas, en effet, avec l'organisation actuelle de nos fermes, de temps et de force perdus? Combien de travaux entrepris à grand renfort de journaliers qui pourraient être avantageusement exécutés par des machines? L'agriculture française, grâce aux encouragements de l'État et à l'institution des concours régionaux, a déjà fait beaucoup pour améliorer son matériel; mais les plaintes qui s'élèvent de toutes parts sont l'expression de ce qui lui reste à accomplir. Elle doit imiter l'industrie! Que seraient devenues ces immenses manufactures, où l'homme, l'enfant gouvernent des milliers de bras mécaniques, si, s'obstinant à conserver leur vieil outillage, elles avaient sollicité et attendu une augmentation d'ouvriers en rapport avec les besoins du commerce? Elles se seraient épuisées en vains efforts, en plaintes stériles. L'industrie a demandé à la science ce que la population ne pouvait lui donner, et la mécanique lui a fourni des millions de bras aussi dociles qu'infatigables. En réservant à l'homme des fonctions analogues à celles de l'âme, par rapport aux membres du corps, elle a donné à l'industrie ces merveilleuses machines qui ont plus que centuplé la puissance productive de l'humanité.

L'agriculture doit tenter des efforts analogues et

ι relever le rôle du travailleur en lui demandant ce
ν que les machines ne peuvent faire : déjà en Angleterre,
les cultivateurs sont entrés dans cette voie, et, avec
moitié moins d'ouvriers, avec des salaires plus élevés,
ils suffisent à toutes les exigences de leurs cultures.
Les Américains, pressés par des besoins encore plus
grands, arrêtés par l'absence presque complète de
moissonneurs, ont été encore plus loin ; depuis plusieurs années, des machines ingénieuses fauchent
leurs prés, en fanent l'herbe, moissonnent leurs céréales, les mettent en gerbes et lient celles-ci. On
compte actuellement en activité aux États-Unis plus
de 175,000 moissonneuses mécaniques, qui font chaque année le travail de un million et demi d'individus,
coupent et mettent en gerbes la récolte de plus d'un
demi-million d'hectares de céréales par jour[1]. En

---

1. Une seule fabrique, celle de M. Mac-Cormick, à Chicago (État
de l'Illinois), a vendu 78,300 machines à moissonner. Il s'en fabrique
dans 70 manufactures 100,000 par an.

La manufacture de M. Walter Wood, à Hoosick-Fall (État de New-
York), a livré en moins de quinze ans 85,822 machines à faucher.

L'emploi de ces machines est pour le cultivateur une source de
grande économie, en même temps qu'il lui donne les moyens de faire
sa moisson quand il veut et lorsque le temps est favorable.

On estime qu'une machine peut faucher de 4 hectares à 4 hectares
un quart par jour, et qu'elle peut durer assez pour faire le fauchage
de 400, 500 ou 600 hectares de prairies et plus, suivant les soins
d'entretien qu'on lui donne ; dans les conditions les plus défavorables, 85,822 faucheuses serviraient à la récolte de 35,187,000 hectares, moyennant les dépenses suivantes :

France, nous n'en sommes pas encore là, mais nous y arrivons; la nécessité impérieuse nous y conduit. Sans doute, la division du sol, en Alsace, est un grand obstacle à la propagation d'un bon outillage, toutefois cette difficulté n'est pas insurmontable : rien ne s'opposerait, par exemple, à ce que des entreprises particulières se chargeassent de faire les moissons à l'aide de machines. L'échec éprouvé par des entrepreneurs de battage ne prouve rien contre cette opinion, car, si le battage peut se faire à temps perdu et quand on veut, il n'en est plus de même de la moisson, qui doit se faire dans un délai très-court et à l'époque des grandes chaleurs et des salaires les plus élevés. D'un autre côté, il n'est pas impossible que, la nécessité et l'instruction aidant, l'esprit d'association ne se développe dans les classes rurales et ne permette aux cultivateurs de chaque localité de posséder des machines en commun pour exécuter leurs grands travaux de culture et de récolte dans les

8,582,200 journées d'hommes, à 6 francs. .	51,493,200^f
17,164,400 journées de cheval, à 3 francs. .	51,493,200
Prix d'achat de 85,822 faucheuses	35,960,000
Entretien, réparations de ces machines, graisse et intérêt du capital	35,960,000
Total	174,906,400

La dépense pour faucher à bras là même étendue de prairie, à 14 francs l'hectare, serait de 492,618,000 francs.

L'emploi de la moissonneuse mécanique conduirait à des résultats économiques au moins égaux.

meilleures conditions; il y aurait là, nous le reconnaissons, avec M. Birkel, président du tribunal de commerce de Colmar, un grand progrès accompli, et le meilleur moyen de remédier au manque de bras et aux mauvais effets du morcellement.

Engrais et amendement des terres.

Les dépositions font voir l'importance qu'il y a à favoriser l'arrivée, dans chacun des deux départements, de plus grandes masses d'engrais. Elles justifient pleinement les considérations développées dans la première partie de ce travail. La nécessité d'accroître le rendement des céréales et d'étendre les cultures industrielles appelle l'emploi de grandes quantités de matières fertilisantes.

Vœux. — Aussi, les deux Commissions ont-elles été unanimes à demander:

L'abolition de tous droits à l'entrée des engrais et amendements destinés à l'agriculture ;

La diminution la plus considérable possible du prix de leur transport sur les chemins de fer et les canaux.

Telle est l'importance des matières fertilisantes de toute nature pour l'agriculture alsacienne, que nous appuierions même, s'il était possible de déroger aux principes généraux qui ont servi de base à l'établissement de nos traités de commerce, le vœu de l'honorable M. Schattenmann, de voir frapper d'un droit prohibitif la sortie des matières fertilisantes, quelles qu'elles soient.

Les agriculteurs appellent aussi de tous leurs vœux la loi que le Gouvernement a présentée aux Chambres pour punir la fraude en matière d'engrais, et faire naître la confiance dans des substances qui, si elles étaient livrées loyalement et à leur valeur, rendraient de très-grands services à l'agriculture.

Drainage et desséchement.

Quoique le pays réclame peu cette nature d'amélioration, quelques déposants, entre autres M. Louis Pasquay (Bas-Rhin), ont demandé que les encouragements offerts par l'État pour favoriser l'assainissement des terres humides soient rendus plus accessibles à ceux qui en ont besoin. Les avances sur le prêt à l'agriculture, pour cet objet, devraient être étendues à toutes les améliorations foncières aussi bien qu'au desséchement des prairies tourbeuses, opération sollicitée dans plusieurs districts de vallée. Les travaux d'endiguement du Rhin ont déjà produit d'excellents résultats: ils ont assaini des surfaces importantes, conquis une grande étendue de terrains et fait disparaître les fièvres des communes riveraines; quelques localités, entre autres la commune d'Erstein, souffrent de leur inachèvement. La Commission départementale du Bas-Rhin sollicite toute l'attention du Gouvernement sur l'importance qu'il y aurait à achever promptement les travaux commencés, le Rhin étant le maître drain de tout le pays.

Irrigations.

La question des irrigations et de l'aménagement des eaux est une de celles qui intéressent au plus haut point l'agriculture alsacienne, et l'on peut dire qu'elle a tenu une grande part dans les dépositions faites devant la Commission du Haut-Rhin.

Non-seulement un grand nombre de déposants sont venus demander des réformes dans le système d'aménagement actuel des eaux courantes, mais encore sept pétitions couvertes de signatures lui ont été adressées pour faire connaître les griefs dont les cultivateurs du pays ont à se plaindre.

Tous les agriculteurs réclament avec instance un partage équitable des eaux. Il est incontestable que les intérêts agricoles ont été, depuis le commencement de ce siècle, pour une raison ou pour une autre, sacrifiés à ceux de l'industrie. Les doléances des cultivateurs sont donc légitimes et réclament un prompt remède. Aussi la Commission appelle-t-elle toute l'attention du Gouvernement sur ces dépositions et les pétitions y annexées.

Un certain nombre de déposants protestent contre l'application des règlements qui sont actuellement en vigueur dans plusieurs vallées et qui paraissent contraires à la loi de 1790. Plusieurs déposants, appartenant à la vallée de la Savoureuse, dans l'arrondissement de Belfort, demandent que la pratique des irrigations continue à être régie par les anciens usages, et s'élèvent contre l'application d'arrêtés préfectoraux qui n'ont jamais été suivis d'exécution.

D'autres déposants, représentant différentes vallées, et notamment celle de la Poutroye, où M. Petitdemange a publié d'intéressantes études sur les irrigations, expriment le vœu que l'usage de l'eau soit accordé à l'agriculture, en automne pendant un mois, et au printemps pendant quinze jours; que, de plus, l'usage de l'eau soit constamment concédé aux propriétaires riverains pendant la nuit.

A un point de vue général, on constate que le manque d'initiative et d'entente est l'un des grands obstacles qui s'opposent à l'extension des irrigations. On prétend, d'un autre côté, que les travaux d'ensemble, dirigés administrativement, reviennent trop cher et répugnent ainsi à ceux qui en profiteraient; aussi M. Oppermann pense-t-il que la création d'irrigateurs praticiens, comme il en existe dans le grand-duché de Hesse, serait un moyen excellent pour propager les arrosages et imprimer une meilleure direction aux syndicats.

Les vœux qui ont réuni le plus de voix peuvent se résumer comme il suit :

Un meilleur aménagement des eaux courantes en faveur de l'agriculture, du commerce et de l'industrie ;

Répartition plus équitable de l'usage des eaux entre

l'agriculture et l'industrie, en faisant payer à chacun les frais d'établissement et d'entretien des travaux d'art et autres, et cela, en proportion de la jouissance ;

Législation sur les irrigations plus favorable à l'agriculture ;

Plus de facilités données aux syndicats libres, plus de pouvoir accordé aux syndicats du Gouvernement ;

Création et multiplication de barrages formant des réservoirs, sur les principaux cours d'eau qui descendent des Vosges ;

Canalisation de la rivière l'Ill ;

Prises d'eau établies sur le Rhin ;

Application de la législation badoise et hessoise aux termes de laquelle le Gouvernement doit faire les plans et devis des travaux à exécuter, de façon que les intéressés n'ont plus qu'à délibérer sur l'exécution du projet, le vote de la majorité obligeant la minorité.

L'importance de toutes les questions qui se rattachent à l'irrigation mérite la sollicitude la plus entière du Gouvernement, qui ne saurait prescrire trop tôt les mesures propres tant à rassurer les populations menacées dans leur jouissance qu'à satisfaire leurs justes demandes et à faire exécuter même les canaux, prises d'eau et autres travaux d'ensemble que les particuliers ne pourraient entreprendre en raison de l'extrême morcellement de la propriété. L'État ne saurait accorder trop d'encouragements sous ce rapport, car l'arrosage est une des ressources les plus précieuses pour l'agriculture : par lui on obtient et la régularité des récoltes fourragères, et la possibilité d'accroître le produit des animaux dans une forte proportion. C'est lui qui donnera à l'agriculture alsacienne le moyen de prendre sous ce rapport le rang qu'elle doit avoir, de posséder un nombreux bétail de rente et d'augmenter dans une proportion considérable sa richesse et sa prospérité.

Les cultures.

Les vœux spéciaux qui ont été formulés devant les deux Commissions comprennent :

L'abolition du ban de vendange ;

La suppression de la vaine pâture.

Des plaintes assez générales se sont produites au sein de la Commission du Bas-Rhin, relativement à quelques entraves administratives qui empêchent la culture du tabac de progresser.

Les déposants rendent hommage aux excellentes intentions du Gouvernement et des fonctionnaires supérieurs de l'administration des tabacs qui, chaque fois qu'on s'est adressé à eux, ont toujours fait droit avec le plus louable empressement aux justes réclamations qui leur ont été présentées. On se plaint seulement de la façon arbitraire dont les agents subalternes appliquent les règlements et les instructions qui leur sont transmises, soit qu'il y ait excès de zèle ou inintelligence de leur part. Les planteurs se trouvent découragés par les applications rigoureuses qu'on fait des règlements pendant la période de la culture, application telle qu'on est souvent obligé de travailler de nuit pour éviter les procès-verbaux.

Une autre plainte s'est produite, et c'est la principale, relativement au classement des produits présentés à l'administration des tabacs. Ce classement, dit-on, n'est pas fait conformément aux règlements. Il a lieu d'une façon arbitraire qui met le cultivateur à la merci du magasinier, de sorte que les prix ne sont plus en rapport avec la qualité des produits. On fait passer comme tabac non marchand des feuilles de bonne qualité. La première qualité devient un mythe inaccessible et les rebuts deviennent de plus en plus considérables. Si encore les cultivateurs avaient la faculté de vendre pour l'exportation ces rebuts et les tabacs non marchands, ils trouveraient ainsi un allégement aux pertes qu'ils subissent par le fait du classement; mais l'administration leur refuse cette facilité, sous prétexte que l'on fournirait aux pays voisins les moyens de faire une contrebande nuisible aux intérêts du Trésor.

Tout en faisant la part des exagérations qu'il peut y avoir dans les doléances des planteurs, celles-ci n'ont pas paru toutefois dénuées de tout fondement à la Commission départementale du Bas-Rhin.

Si, à la vérité, des vexations se sont produites sur quelques points, la Commission sait que ce sont des faits isolés et qu'il suffit de les signaler à l'Administration supérieure pour les faire cesser. Mais, pour les deux autres griefs, ils ont plus de gravité. Il résulte, en effet, des dépositions que le classement des produits, établi sous les inspirations des chefs magasiniers, n'est pas toujours conforme à l'équité. L'administration des tabacs ne désire pas que la culture du tabac prenne plus de développement en Alsace, la production actuelle suffit à tous ses besoins; elle semble, dès lors, chercher, par le classement, à réduire le bénéfice du planteur suffisamment pour le détourner d'accroître sa plantation, sans toutefois l'exposer jamais à perdre.

Dans cet ordre d'idées, elle en est arrivée à ne plus payer comme:

1re qualité que   1.16 p. 100 des marchandises présentées.
2e qualité . . . 14.83   *idem.*
3e qualité . . . 37.90   *idem.*

Les tabacs non marchands comprennent 46.11 p. 100 de la quantité totale présentée.

En outre, on met impitoyablement au rebut, pour faire du fumier, une masse de plus en plus considérable de produits.

Cette tendance de l'administration ressort très-nettement du tableau ci-contre, qui donne le classement des produits de la culture du tabac dans le département du Bas-Rhin pendant les dix dernières années :

ANNÉES.	QUANTITÉS PAYÉES.					PROPORTION POUR CENT.				
	SUR-CHOIX et 1re qualité.	2e QUALITÉ.	3e QUALITÉ.	NON MARCHANDE.	TOTAL.	SUR-CHOIX et 1re qualité.	2e QUALITÉ.	3e QUALITÉ.	NON MAR- CHANDE.	TOTAL.
1856	678,710	1,347,498	1,386,693	1,564,484	4,977,385	13.64	27.08	27.85	31.43	100
1857	623,515	1,616,697	2,028,422	2,719,461	6,988,095	8.93	23.14	29.02	38.91	100
1858	747,968	1,943,229	2,596,428	3,525,516	8,813,141	8.49	22.05	29.46	40.00	100
1859	429,421	1,233,617	1,941,771	2,721,376	6,326,185	6.79	19.51	30.69	43.01	100
1860	243,051	995,038	1,794,687	2,962,217	5,994,993	4.06	16.60	29.93	49.41	100
1861 (A). . . .	185,882	816,960	1,834,260	2,963,988	5,801,090	3.21	14.09	31.61	51.09	100
1862 (A). . . .	27,490	627,054	2,608,087	4,003,344	7,265,975	0.37	8.64	35.90	55.09	100
1863 (A). . . .	36,488	571,635	2,056,150	3,882,879	6,547,152	0.55	8.74	31.41	59.30	100
1864	73,017	826,162	2,850,654	2,284,172	6,034,005	1.21	13.70	47.24	37.85	100
1865	83,951	1,070,500	2,736,013	3,329,822	7,220,286	1.16	14.83	37.90	46.11	100

(A) Pendant ces trois années plusieurs communes importantes ont été ravagées par la grêle.

Or si la culture est aussi soignée qu'autrefois, ce qui est hors de doute du moment que la semence est fournie par l'administration et que les conditions d'espacement, de fumure, sont fixées par des instructions de la régie elle-même, rien ne justifie évidemment un classement qui met dans la dernière catégorie et dans les tabacs non marchands 84 p. 100 des produits admis.

Les terres et le climat d'Alsace permettent de produire du tabac à fumer d'une qualité sinon supérieure, du moins égale aux meilleurs crus de l'Allemagne, c'est une culture qui est déjà pour l'Alsace une source de richesse. Il est donc à souhaiter, et c'est le vœu unanime de la Commission départementale du Bas-Rhin, que l'administration adopte toutes les mesures propres à favoriser son développement au lieu de le ralentir :

1° En faisant faire un classement des produits en rapport avec leur qualité ;

2° En permettant l'exportation, surtout en ce qui concerne les rebuts, si ce n'est pour les tabacs non marchands ;

3° En étendant la faculté d'exportation accordée aujourd'hui à quelques districts seulement.

Les débouchés.

Le vignoble alsacien. — Avec la question relative à l'utilisation des eaux en vue de l'irrigation, il n'en est pas qui ait été l'objet d'autant d'observations justement fondées, que celle qui se rapporte à la condition du vignoble alsacien. Ce vignoble embrasse, comme nous l'avons vu, une surface importante. Il occupe et fait vivre de vingt à vingt-cinq mille familles ou le quart de la population rurale de la province. La classe des vignerons mérite donc de fixer l'attention tout autant que celle des producteurs de céréales. Non-seulement les produits du vignoble alsacien alimentaient autrefois les populations des deux départements, mais encore il s'en écoulait une grande partie en Suisse, et le vin qui provenait des cépages fins trouvait une issue toujours facile en Allemagne. Ces conditions si avantageuses furent changées à partir de 1830; conformément au système de protection alors régnant, un droit de 50 francs par tête ayant été imposé à l'entrée en France sur le bétail étranger, l'Allemagne, usant de représailles, frappa les vins français à ses frontières d'un droit d'entrée de 70 francs par hectolitre. Malgré cette taxe prohibitive, le vignoble alsacien continuait à prospérer. Il avait perdu l'un de ses débouchés, mais d'un autre côté il continuait à avoir dans la Suisse un centre de consommation important; en outre, les besoins de la province en vin s'étaient considérablement accrus avec les progrès de l'industrie et l'augmentation de la population. Toutefois, à partir de 1860, cette situation a été totalement modifiée.

Les vins du Midi, profitant des voies de communication rapides, ont commencé à ce moment à faire leur apparition en Alsace; ils envahissent aujourd'hui les centres industriels en réduisant la demande des vins du pays et en diminuant, par suite, les prix; or, d'après leur nature, d'après leur goût spécial, ces vins trouveraient une compensation, un écoulement naturel et avantageux en Allemagne, si un droit excessif ne leur en fermait les portes; et cependant l'Allemagne n'a plus de raison de le maintenir, ses alcools et ses vins pénétrant en franchise dans notre pays; car ces produits ne payent que 50 centimes par hectolitre à leur entrée en France.

Depuis 1853, la taxe qui frappait le bétail allemand à nos frontières a été abolie; mais l'Allemagne s'est contentée de réduire à 35 francs par hectolitre son droit d'entrée sur nos vins; c'est encore là un droit véritablement prohibitif, puisqu'il dépasse la valeur de la marchandise. Les plaintes à ce sujet sont unanimes: tout le vignoble alsacien attend du Gouvernement de l'Empereur des démarches actives pour la réduction, dans des proportions admissibles, d'un droit excessif qui est en opposition avec les principes de libre échange qui président aux rapports commerciaux des nations.

Les deux Commissions appuient à l'unanimité une demande aussi légitime, parce qu'en ouvrant au vignoble alsacien des débouchés que le système protecteur lui a fermés, on donnerait au pays de nouveaux éléments de force et de prospérité et l'on permettrait au vignoble de prendre toute l'extension désirable.

Un petit nombre de déposants ont sollicité de plus dans le même but, le maintien de la loi sur le vinage. La majorité n'a émis aucun vœu à cet égard.

Le vinage doit être considéré comme une véritable amélioration pour certains vins.

Routes. — En ce qui concerne les voies de communication, on peut dire qu'il est peu de pays aussi remarquablement dotés que l'Alsace de routes, de chemins de fer, de grands canaux de navigation. Le canal de la Sarre, qui vient d'être ouvert, met aujourd'hui le bassin houiller de Saarbruck aux portes de l'Alsace. C'est un immense avantage dont l'industrie comme l'agriculture vont profiter largement. Dès les premiers jours de l'ouverture du canal, le transport s'élevait à plus de 1,000 tonnes de charbon de terre par jour ; la province ne tardera pas à en ressentir les précieux effets.

Rappelons encore que c'est en Alsace qu'ont pris naissance les chemins de fer vicinaux.

La petite vicinalité est dans un état qui fait le plus grand honneur aux administrations départementales ; mais un progrès accompli en appelle toujours un autre. Tous les déposants ont demandé :

1° L'extension aux chemins ruraux de la loi de 1836, relative aux chemins vicinaux ;

2° La création de nouvelles voies ferrées destinées à relier les centres ruraux ; ce vœu est exprimé avec instance surtout par les populations qui habitent la région des collines située entre Schlestadt et Colmar.

3° L'attention de la Commission d'enquête du Haut-Rhin a été vivement appelée sur l'utilité qu'il y aurait à prolonger la voie ferrée destinée à relier Munster à Colmar, jusqu'à Neuf-Brisach. Non-seulement cette ligne, celle de Munster à Colmar pour laquelle le Gouvernement a déjà accordé une subvention de 1,200,000 francs, aurait le précieux avantage de relier directement la France à l'Allemagne méridionale, mais elle deviendrait la route la plus courte de Paris à Vienne en prolongeant la ligne de Munster jusqu'à Chaumont.

Le Gouvernement badois, ainsi que le prouve le dossier sur lequel la Commission appelle toute l'attention du Gouvernement, s'est en effet engagé à autoriser et à subventionner la construction d'un pont sur le Rhin, à Brisach, et d'une ligne de fer de ce pont à Fribourg, ligne qui irait ensuite par le Val-d'Enfer se souder à Ulm avec la grande ligne de Vienne. Toutes les populations, dans le grand-duché de Bade, sont favorables à ce projet comme le Gouvernement lui-même.

Nous n'avons pas à envisager ici l'importance politique de la construction de cette nouvelle voie internationale, reliant directement le midi de l'Allemagne à la France. Les avantages commerciaux sont assez évidents pour que nous appuyions vivement ce projet près du Gouvernement de l'Empereur. Le comité formé pour la construction de la ligne projetée de Colmar à Brisach est prêt. Il serait donc vivement à désirer que l'État subventionnât ce chemin comme il l'a fait pour la ligne de Colmar à Munster, le concours de l'État restant, bien entendu, subordonné à l'activité persistante de l'initiative individuelle.

Intérêt du commerce et de l'agriculture, besoins des contacts et des transactions des masses, aspirations des populations, tout se réunit dans le Haut-Rhin, disait M. le premier président de la cour impériale de Colmar, pour presser avec ardeur la réalisation d'une espérance déjà vieille.

Ce que le pays demande, c'est de donner un libre cours à sa force d'expansion au dehors, tout comme à sa puissance de production intérieure, et c'est à la favoriser qu'il faut s'attacher. Or rien ne peut mieux favoriser la multiplication et le perfectionnement des voies de communication que la suppression de la prohibition. C'est encore dans ce même ordre d'idées que beaucoup de déposants ont sollicité avec raison *la suppression des droits de navigation* à l'intérieur, ou au moins leur abaissement à 10 p. 100 du fret.

Législation sur les céréales. — Traités de commerce.

La question qui dominait l'Enquête est celle-ci: Quelle a été l'influence de la réforme de la loi relative à l'entrée des céréales étrangères sur l'agriculture?

Si l'on jette un coup d'œil sur l'ensemble des réponses qui ont été produites dans les Questionnaires écrits du département du Haut-Rhin, on est frappé de voir combien est grande la divergence des opinions et sur quelles bases fragiles repose l'argumentation de ceux qui réclament la révision de la loi du 15 juin 1861.

Les uns avancent que nos marchés sont envahis par les blés de la Hongrie, au point de ne plus laisser de place aux grains indigènes; que le froment hongrois revient, rendu à notre frontière, suivant quelques-uns, au prix de 11 à 12 francs l'hectolitre; suivant d'autres, à 13 ou 14 francs, ou encore 15 francs; que la conséquence de ces prix est de déprécier les nôtres, de les tenir à tout jamais, pour le blé inférieur, à 20 francs l'hectolitre.

D'autres encore disent, au contraire, que le blé étranger ne vient pas sur les marchés d'Alsace, mais qu'il opère par voie de refoulement, en prenant leur place sur les marchés du Midi, et déprécie ainsi les prix de l'Alsace.

Enfin il en est qui déclarent que le blé de Hongrie ne peut venir en Alsace, à cause des prix élevés de transport qui pèsent sur lui, mais que la possibilité seule de son importation suffit pour tenir bas les prix des grains indigènes.

Partant de là, et afin d'avoir des prix suffisamment élevés sur nos marchés, un certain nombre de déposants réclament un droit de 3 francs par hectolitre à l'entrée des blés étrangers; d'autres demandent que le droit soit égal aux impôts qui pèsent sur le froment français.

Il en est qui, pensant qu'il ne convient pas de faire peser sur le consommateur un droit quelconque, quand le pain est cher, se contentent de demander un droit de 3 francs jusqu'à ce que le prix du froment atteigne 21 francs l'hectolitre. D'après l'avis de MM. Gros frères, il faudrait que le droit cessât quand le prix du marché couvre le prix de revient. Un seul déposant voudrait le retour à la loi dite de *l'échelle mobile*.

Il est un déposant enfin qui, adoptant franchement le principe de la protection et toutes les conséquences qui en découlent, réclame un droit de 4 francs par hectolitre de grain et une taxe proportionnelle à l'entrée sur le bétail, le beurre, le fromage et toutes les denrées agricoles. Notons toutefois, immédiatement, que la moitié des Questionnaires se sont déclarés en faveur du principe de la liberté commerciale ou n'ont demandé aucun droit; ceux de MM. Romazotti et Courtot sont, à cet égard, pleins de faits et du plus haut intérêt.

Que prouve la chose accomplie?

1° Le blé de la Hongrie (c'est celui qui, nous l'avons démontré, peut arriver en Alsace au prix le plus bas) n'est venu sur les marchés de cette province que quand la hausse était déjà forte, que les prix avaient dépassé 21 francs l'hectolitre : c'est ce qui ressort des tableaux officiels de la douane.

2° Ce n'est pas le blé hongrois qui a jamais fixé le prix des marchés alsaciens.

3° C'est le blé hongrois qui subit les fluctuations du marché consommateur.

4° Le froment de la Hongrie n'arrive pas à nos frontières aux prix de 11 francs, de 12 francs, ni de 14, ni de 15 francs; il subit la loi commune qui règle le prix de la marchandise; et, dans les six derniers mois, malgré une récolte abondante en Hongrie, le froment de cette provenance n'est pas arrivé en Alsace à moins de 30 à 35 francs les 100 kilogrammes.

5° Les droits les plus élevés, la prohibition même, n'ont jamais empêché les blés indigènes de baisser de prix, de descendre à un taux inférieur à celui de ces dernières années.

6° En ce qui concerne les impôts, le droit de balance actuel y correspond et même est plus élevé que la part d'impôt supportée par chaque hectolitre de blé produit en France.

7° Enfin, une denrée qui ne peut venir sur le marché, ne peut exercer d'influence sur ce marché.

Que deviennent dès lors, devant de semblables faits, les demandes formulées par les Questionnaires de ceux qui réclament un droit protecteur? La hausse actuelle des prix, qui est venue au secours des déductions de la logique, ne suffit-elle pas à elle seule pour renverser tout l'échafaudage des arguments invoqués, qui ne reposaient que sur des appréciations purement personnelles, sans avoir été étayés d'aucun fait.

La question semble avoir été mal posée, en vérité, dans quelques comices et dans plusieurs chambres ou sociétés d'agriculture. Il est clair, en effet, que, si l'on demande à des cultivateurs s'ils veulent être protégés de façon à empêcher les prix du froment de s'avilir et à avoir toujours un prix de 3 ou 4 francs plus élevé que celui qu'ils obtiendraient dans les temps d'abondance, sous l'empire de la loi actuelle, il est certain, dis-je, que la réponse sera affirmative : c'est le propre de l'esprit humain de chercher le privilége pour soi. Mais la réponse serait assurément tout autre si, plaçant la question sur son véritable terrain, on en appelait au souvenir des cultivateurs; si on leur prouvait, pièces en main, que la prohibition n'a pas empêché le blé de tomber à 14 francs, à 13 francs, à 12 francs même par hectolitre, sous l'empire de la législation ancienne; si on leur démontrait que, avec la liberté des échanges, la facilité du commerce d'exportation leur permet de vendre, dans les bonnes années, leurs grains à moins bas prix qu'autrefois; que le blé étranger ne vient et ne peut venir que quand il y a commencement de disette et prix élevé; que l'importation étrangère n'exerce d'influence que sur les hauts prix, comme ceux de cette année, et qu'elle agit dans ce cas comme modérateur.

Le sens pratique des agriculteurs alsaciens est trop droit pour demander une taxe qui serait illusoire en temps de baisse, et ne produirait d'effet (et alors ce serait un effet fâcheux) que dans les temps de disette; car ils n'oublient pas qu'eux aussi sont consommateurs de grains, et que, si le prix des denrées devient excessif, ils ont comme les autres à payer leurs journaliers, leurs travaux à un prix plus élevé, et que la hausse des salaires s'ensuit dans les campagnes comme dans l'industrie.

Les quelques plaintes qui se sont élevées dans le Haut-Rhin semblent avoir été comme un écho du dernier regret d'un système de protection dont l'industrie manufacturière locale a largement profité sous le dernier règne, mais pas toujours à l'avantage de l'agriculture, comme le prouvent les réclamations faites relativement au vignoble et à la distribution des eaux.

Ce qui semble justifier notre pensée à ce sujet, c'est le résultat de l'Enquête orale. En effet, quatre personnes seulement se sont prononcées en faveur d'un droit protecteur; ce sont :

M. H. Schlumberger, membre du conseil général, grand industriel et grand propriétaire;

M. Ostermeyer, avocat, membre de la chambre consultative d'agriculture et propriétaire à Colmar;

M. Metzger, propriétaire près Colmar ;

M. Ruel, ancien avocat, propriétaire à Landser.

Et encore ce dernier ce borne-t-il à réclamer un droit, seulement tant que le froment indigène n'a pas atteint le prix de 21 francs par hectolitre.

Les autres déposants, et parmi eux tous les agriculteurs, se sont déclarés en faveur de la liberté du commerce; à leur tête, nous citerons :

MM. Romazotti, Tachard, Courtot, Nerlinger, Lang, Lehman, Gerspach, Zweifel, Meny, Schweitzer, Dujardin, Wild, Schultz, Weber, Rieder, Hoffmann, Renker, Humbrecht, Heimburger, etc., etc.

Et telle a été la lumière qui a jailli des dépositions et de la discussion à laquelle elles ont donné lieu, que la majorité de la Commission d'enquête n'hésita pas, à la clôture de ses travaux, à se déclarer en faveur du principe de la loi du 15 juin 1861 et de la liberté du commerce des grains.

Deux membres seulement, maintenant leur opinion, demandèrent un droit protecteur de 3 francs, avec cette différence, toutefois, que l'un voit dans ce droit le seul remède aux besoins de l'agriculture, tandis que l'autre ne le réclame qu'à titre temporaire, pour donner à l'agriculture le temps de réaliser les améliorations qui la mettent en état d'élever le niveau de sa production et de réduire ses prix de revient.

Dans le Bas-Rhin, la question s'est présentée d'une façon bien différente. Il y a eu, en effet, unanimité dans les Questionnaires écrits, unanimité de la part des déposants, unanimité dans la Commission en faveur de la liberté commerciale. Tout le monde reconnaît que l'agriculture est prospère et ne demande qu'à jouir de la paix et de la liberté pour se développer encore et accroître la richesse du pays.

Les impôts.

Les impôts ont donné lieu à certaines observations; on désirerait un allégement des charges publiques, et surtout une meilleure classification des terrains; mais les agriculteurs n'ignorent pas qu'une portion importante de l'impôt est votée par le conseil général et par les communes pour les besoins du département, en routes, chemins, ponts, instruction, édifices publics.

Il ressort, en effet, du document[1] qui a été remis à la Commission par M. Casron, que la part de l'État dans l'impôt foncier a subi peu de changements depuis quarante-cinq ans, tandis que les centimes additionnels consacrés à la satisfaction des besoins locaux ont été sans cesse en augmentant; mais le pays n'oublie pas non plus que c'est grâce à ces sacrifices qu'il est doté de la plus belle viabilité qui existe, et qu'il compte

1. *Tableau de la contribution foncière payée par le département du Haut-Rhin de 1821 à 1866.*

ANNÉES.	CONTRIBUTION en principal.	CENTIMES additionnels d'après la loi.	CENTIMES additionnels votés par les conseils généraux.	CENTIMES additionnels votés par les communes.	TOTAL.
	Fr.	Fr.	Fr.	Fr.	Fr.
1821 (A) . .	1,549,793.76	660,289.63	94,939.32	197,041.74	2,502,064.45
1826	1,551,833.04	573,993.22	141,415.1C	170,257.09	2,436,998.53
1836	1,560,955.91	577,553.68	132,681.25	178,876.26	2,450,067.10
1846	1,593,362.00	589,543.94	185,000.62	221,404.7C	2,589,311.80
1856 (B). . .	1,617,123.00	323,424.60	268,431.01	323,696.44	2,532,675.95
1866	1,686,681.00	324,564.44	448,271.63	472,508.96	2,932,026.03

(A) Les documents antérieurs à l'année 1821 ne se trouvent pas dans les archives de la direction.

(B) La diminution qui se remarque dans le chiffre des centimes additionnels (colonne 3) provient de la suppression de 17 centimes additionnels, en vertu de la loi du 7 août 1850.

parmi les départements où l'instruction est le plus répandue, aussi ne se plaint-il pas sous ce rapport. L'impôt se recouvre toujours avec une extrême facilité
dans les départements, et les percepteurs ont toujours
une avance sur le montant des termes échus.

Mais il existe dans la législation fiscale des dispositions qui ont provoqué des réclamations unanimes.
Plusieurs déposants, entre autres M. Dujardin, notaire
à Mulhouse, ont parfaitement mis en lumière les points
qui appellent une révision urgente. Nous ne saurions
mieux faire que de renvoyer à sa remarquable déposition.

Nous résumons ci-après les principales réformes
demandées :

1° Réduction du droit d'enregistrement;

2° Simplification dans le système des hypothèques;

3° Lorsqu'il s'agit des biens des mineurs, se borner,
pour les propriétés d'une faible importance, à exiger
l'autorisation du conseil de famille.

Lorsque les biens sont d'une valeur assez considérable, se contenter d'un jugement sur requête; rendre
les affiches et les insertions dans les journaux purement facultatives;

4° Abaissement à 3 p. 100 des droits de mutation;

5° Établissement d'un droit de transcription de
1 p. 100, taux adopté en l'an VII; les déposants estiment que ce serait le meilleur moyen de diminuer
la fraude et d'augmenter aussi le produit de la perception de ce droit; par contre, l'Administration re-

cevrait le droit d'user d'une plus grande sévérité envers les dissimulations;

6° Diminution des droits fixes du timbre et d'enregistrement;

7° Obligation de payer les droits seulement sur les valeurs actives des successions, déduction faite du passif;

8° M. Dujardin demanderait, en outre, le principe de la proportionnalité dans l'impôt;

9° Enfin, bon nombre d'agriculteurs réclament avec instance :

La suppression du droit sur le sel employé par l'agriculture et une diminution du droit à l'entrée du sel étranger destiné au même usage;

L'égalité d'impôt entre les valeurs mobilières et les valeurs immobilières;

La suppression ou la diminution des octrois, l'abolition des droits perçus, à l'entrée des villes, sur les denrées de consommation et les litières des bestiaux des fermes comprises dans le périmètre (Comice de Colmar);

La révision du cadastre, pour mettre la base de ses classifications, qui sert à la répartition de l'impôt, en rapport avec la valeur actuelle des terres, et égaliser la position des agriculteurs. Un déposant signale à ce sujet le fonctionnement, en Bavière, du service du cadastre, qui possède un conservateur spécial chargé de tenir les plans et d'y faire toutes les modifications à mesure qu'elles se produisent. Chaque propriétaire reçoit un livret portant le numéro de sa propriété et la section du cadastre. Toutes les mutations sont rigoureusement signalées par les notaires au conservateur, qui en fait transcription sur les livrets et les plans, de telle sorte que le plan cadastral est constamment à jour.

Instruction.

L'instruction a sans doute fait de très-grands progrès dans le pays depuis un certain nombre d'années. Les écoles primaires, les cours d'adultes se sont propagés; mais il reste encore beaucoup à faire pour donner à toute la population une éducation complète. Tous les déposants et les deux Commissions départementales se sont associés à leurs vœux, et demandent des mesures de nature à favoriser la diffusion de plus en plus grande de l'instruction dans les campagnes.

On demande :

1º La création d'une école primaire supérieure dans chaque canton;

2º La fondation de stations expérimentales chimiques, comme il en existe en Allemagne;

3º Le rétablissement de l'institut agronomique de Versailles.

Il est hors de doute que les stations expérimentales étudiant scientifiquement sur le terrain même de la pratique toutes les questions qui se rattachent aux diverses cultures de la province, rendraient de très-grands services. Les célèbres travaux dont la ferme de Bechelbronn a été le siége, sous la direction de MM. Boussingault et Lebel, sont connus du monde entier et ont exercé une influence considérable sur l'agriculture générale. De semblables études, multipliées dans les diverses régions et pour les diverses cultures spéciales, amèneraient certainement encore de nouveaux progrès dans la production.

Le besoin pressant d'un grand enseignement supérieur de l'agriculture se fait sentir partout; nous n'avons donc pas besoin d'insister à cet égard.

Indépendamment de ces vœux, quelques déposants ont demandé que l'instruction soit rendue obligatoire. Il convient, sous ce rapport, de s'en rapporter à la sagesse de nos législateurs. Toutefois on ne peut s'empêcher d'observer que l'instruction est surtout proportionnelle au degré de civilisation, de prospérité, de richesse d'un pays. Ainsi en Prusse, quoique la loi soit la même partout, l'instruction des conscrits dans les provinces orientales de la Prusse est loin d'atteindre celle des hommes tirés des belles provinces du Rhin et de la Westphalie. En favorisant l'essor agricole et industriel d'un pays, on fait certainement beaucoup pour le développement de l'instruction publique.

Il serait à souhaiter encore que des publications bien faites sur les questions économiques du jour fussent répandues dans les campagnes, pour éclairer les populations et propager une nature d'instruction qui marque une trop grande lacune.

Vœux généraux.

Indépendamment des vœux qui viennent d'être développés, il en est un certain nombre que les déposants ont formulés comme pouvant exercer une influence heureuse sur l'agriculture alsacienne.

Les populations sollicitent entre autres :

1º La promulgation du Code rural;

2º L'embrigadement des gardes champêtres ;

3º L'assurance obligatoire principalement contre la mortalité du bétail.

L'honorable M. Schattenmann voudrait enfin qu'une loi obligeât les autorités municipales à veiller à la destruction du ver blanc du hanneton et à l'enlèvement des mauvaises herbes.

Conclusions.

La Commission du Haut-Rhin a résumé ses délibérations dans la déclaration suivante :

«Les membres de la Commission d'enquête agricole dans le département du Haut-Rhin, en présence des dépositions recueillies au cours de l'Enquête,

«Considérant que les déposants, dans leur ensemble, se sont prononcés formellement en faveur de la liberté du commerce des céréales, et qu'ils regardent l'essor de la prospérité agricole, dans le département, comme dépendant désormais, non pas de l'établissement d'un droit protecteur, mais, d'une part, de l'initiative individuelle et, de l'autre, de la réalisation d'un certain nombre d'améliorations détaillées dans les dépositions ;

«Considérant qu'il résulte de ces dépositions que l'agriculture alsacienne, placée dans de bonnes conditions économiques, est en mesure de lutter avantageusement avec la concurrence étrangère, et que le plus sûr moyen d'amener la prompte et complète réalisation de ces conditions est de renoncer aux mesures prohibitives prises autrefois pour y suppléer ;

«Estiment :

«1° Qu'il n'y a pas lieu de revenir sur la loi du 15 juin 1861 ;

«2° Que, pour favoriser le développement de l'agriculture dans le département et à la fois pour répondre aux vœux des déposants, il conviendrait :

«1° De procéder à un meilleur aménagement des eaux, de façon à faire une part aussi large que possible aux intérêts agricoles ;

«2° D'obtenir la révision du traité de commerce conclu avec le Zollverein en ce qui concerne la fixation du droit d'entrée des vins français en Allemagne et d'amener la réduction de ce droit véritablement prohibitif ;

« 3° D'abaisser les impôts qui grèvent la propriété rurale, notamment les droits d'enregistrement ;

« 4° De diminuer les tarifs des transports par chemin de fer et par voie fluviale, pour les engrais et les denrées agricoles ;

« 5º D'améliorer les chemins ruraux en les plaçant sous le régime de la loi de 1836 sur les chemins vicinaux;

« 6º De favoriser une meilleure organisation du crédit agricole. »

Les conclusions de la Commission d'enquête, dans le Bas-Rhin, comprennent tous ces vœux. Elles ne sont ni moins explicites, ni moins importantes sur la situation et les besoins de l'agriculture. Nous ne pouvons mieux faire que de les reproduire :

« Ainsi qu'il résulte de toutes les réponses données au Questionnaire, la situation de l'agriculture doit être considérée comme prospère.

« Les modifications demandées aux diverses législations contribueront, si elles sont accordées, à augmenter cette prospérité.

« Malgré toutes les assertions contraires, l'agriculteur ne s'est jamais mieux nourri, logé et habillé qu'aujourd'hui ; jamais il n'a été en état de supporter aussi bien qu'aujourd'hui les vicissitudes inséparables de son état. Ce bien-être, il l'attribue en grande partie à la sagesse et à la bienveillante sollicitude du Gouvernement de l'Empereur.

« Ce que l'agriculture demande, c'est la paix, le développement de l'instruction, indispensables pour arriver au progrès, l'extension de nos relations avec les autres pays et surtout la pratique du libre échange, l'établissement de banques agricoles, d'assurances contre la mortalité du bétail, enfin les modifications des lois citées dans les articles 155 et 156, savoir :

« 1° Amélioration des lois sur les irrigations (voir la Question 67, relative aux Codes hessois, badois et lombard) ;

« 2° Livrets des ouvriers agricoles ;

« 3° Classement des chemins ruraux ;

« 4° Code rural ;

« 5° Limite légale au morcellement de la propriété ;

« 6° Chambres consultatives du département, au lieu de chambres d'arrondissement ;

« 7° Diminution des droits de mutation et d'enregistrement ;

« 8° Suppression des droits de vente ou d'échange de parcelles contiguës ;

« 9° Abolition du droit de douane sur les engrais ;

« 10° Abolition des droits de navigation ou réduction au dixième du fret. »

Le grand principe de la *liberté commerciale* est donc sorti triomphant de l'épreuve à laquelle il a été soumis, et l'importante mesure législative prise en 1861 par la sage et prévoyante initiative du Gouvernement de l'Empereur a reçu la sanction du pays ; mais le puissant essor qui en est résulté dans toutes les branches de l'activité humaine a grandi les besoins comme les aspirations ; partout se manifeste la nécessité de produire plus, dans des conditions plus économiques, et, par suite, de changer les vieilles méthodes, de réformer l'outillage ancien et de modifier les bases de la production. De là, les vœux formulés par les agriculteurs. Ces vœux, nous les avons développés avec la plus grande impartialité et nous les appuyons de toutes nos forces, car ils sont dignes de toute la sollicitude du Gouvernement. L'agriculture alsacienne mérite qu'on les prenne en sérieuse considération par son passé comme par son présent et son avenir. Elle trouvera dans leur accomplissement de nouveaux éléments de richesse et de force, et l'initiative individuelle pourra se développer dans toute la puissance dont sont capables les cultivateurs de l'Alsace ; on a vu les progrès accomplis par eux, la situation prospère et la supériorité qu'ils ont atteintes, mais il leur reste encore un vaste programme à réaliser.

Les agriculteurs du Bas-Rhin, de leur côté, n'ont qu'à continuer leur marche à la suite de ces agronomes éclairés, dont les travaux et les découvertes honorent leur pays et la France entière ; qu'ils multiplient leurs ressources fourragères, que pas une goutte d'eau ne coule du flanc des collines ou dans le thalweg des vallées sans avoir été utilisée, qu'ils accroissent par ce moyen la somme de leurs produits animaux. Ce n'est pas le bétail de travail qui manque à l'Alsace ; il y en a trop ; l'agriculture, sous ce rapport, est dans la position d'une industrie qui brûle trop de charbon et dépense trop de force pour obte-

nir ses produits. Ce sont les animaux de rente qui lui
font défaut, ce sont les animaux qui donnent du lait
et de la viande et augmentent le profit de la ferme.
Qu'ils accroissent enfin ces belles cultures industrielles dont l'Alsace a le droit d'être fière et qui lui
assureront toujours un rang prépondérant et des bénéfices certains en raison de la consommation croissante de ces produits, de la hausse de leur prix, et
des difficultés pour les pays éloignés de leur faire
concurrence.

Les agriculteurs du Haut-Rhin ont sans doute plus
à faire ; mais, quand une contrée possède des hommes
comme ceux que ce département peut citer, les difficultés et l'espace à parcourir ne font qu'exciter l'ardeur et ne peuvent émousser la patience, ni détourner de la lutte ; ils n'ont qu'à appliquer à l'art
agricole une étincelle de ce génie qui a fait faire tant
de merveilles à la grande industrie du Haut-Rhin. Ils
ont un exemple à côté d'eux : qu'ils imitent l'intelligente culture de leurs voisins, qu'ils se livrent à
cette généreuse agriculture dont nous avons parlé et
dont M. Schattenmann, le véritable apôtre de l'agriculture alsacienne, MM. Louis Pasquay, Gros, Jourdain, Romazotti, Diemer, Tachard, Lebel, Schultz,
Merzdorf et tant d'autres, leur donnent des modèles ;
qu'ils apprennent à plier leurs systèmes de culture
aux exigences de la situation actuelle, qu'ils cherchent surtout des engrais, qu'ils n'en laissent pas se
perdre une parcelle et qu'ils en importent le plus

possible, qu'ils consacrent plus de place aux fourrages et aux plantes industrielles dans leur assolement : c'est en suivant cette voie que l'agriculture du Haut-Rhin recevra la rémunération de ses efforts, qu'elle atteindra son entier développement.

Et si maintenant, reportant nos regards du présent vers l'avenir, nous entrevoyons les effets de l'accomplissement de ce programme et des progrès réalisables dès maintenant, l'esprit reste saisi du degré de prospérité auquel l'agriculture alsacienne peut encore parvenir! Elle gardera sa vieille supériorité et son rang ; elle restera, en face de nos voisins d'outre-Rhin, le symbole de la puissance et de la richesse de notre pays.

FIN.

TABLE DES MATIÈRES.

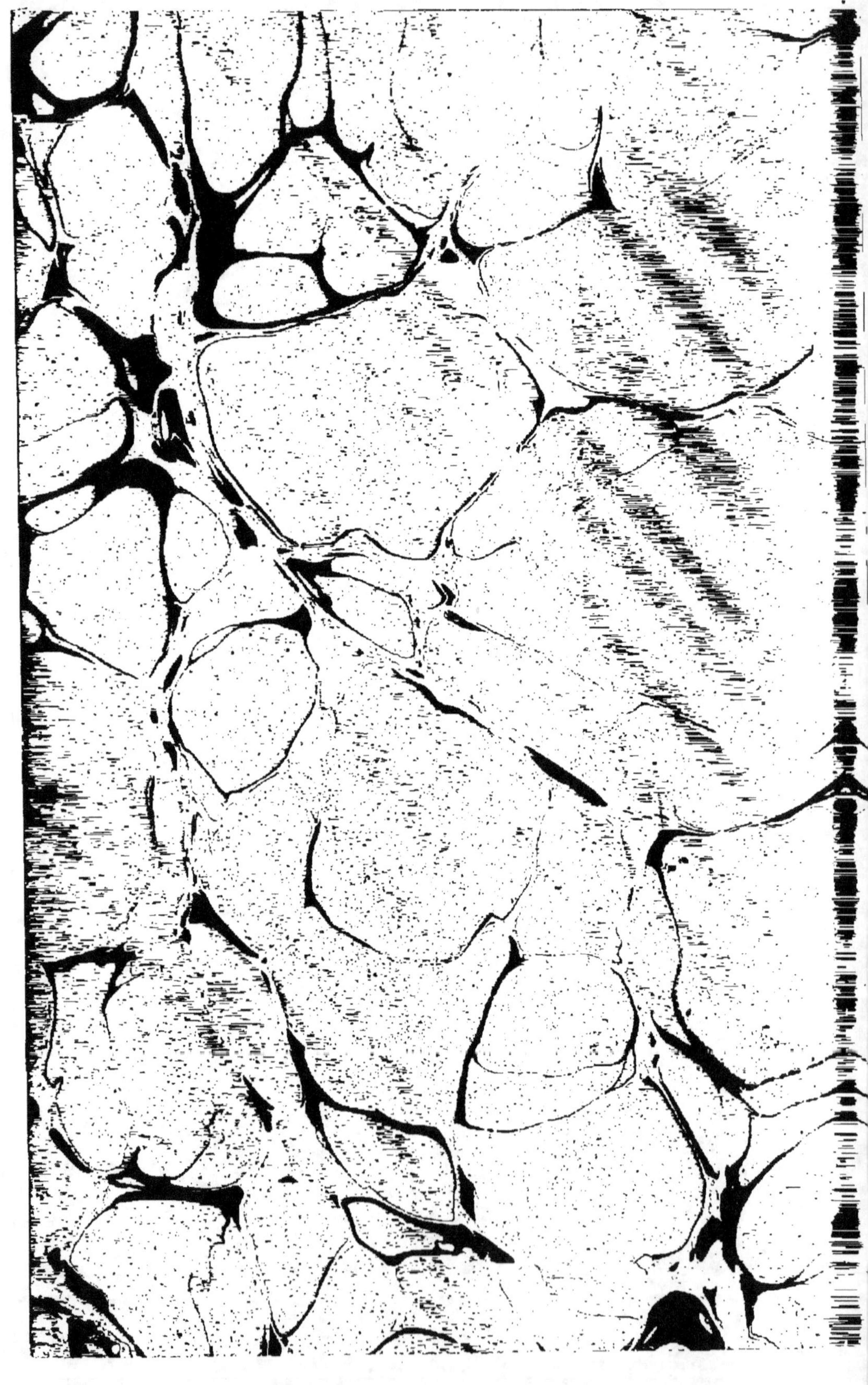

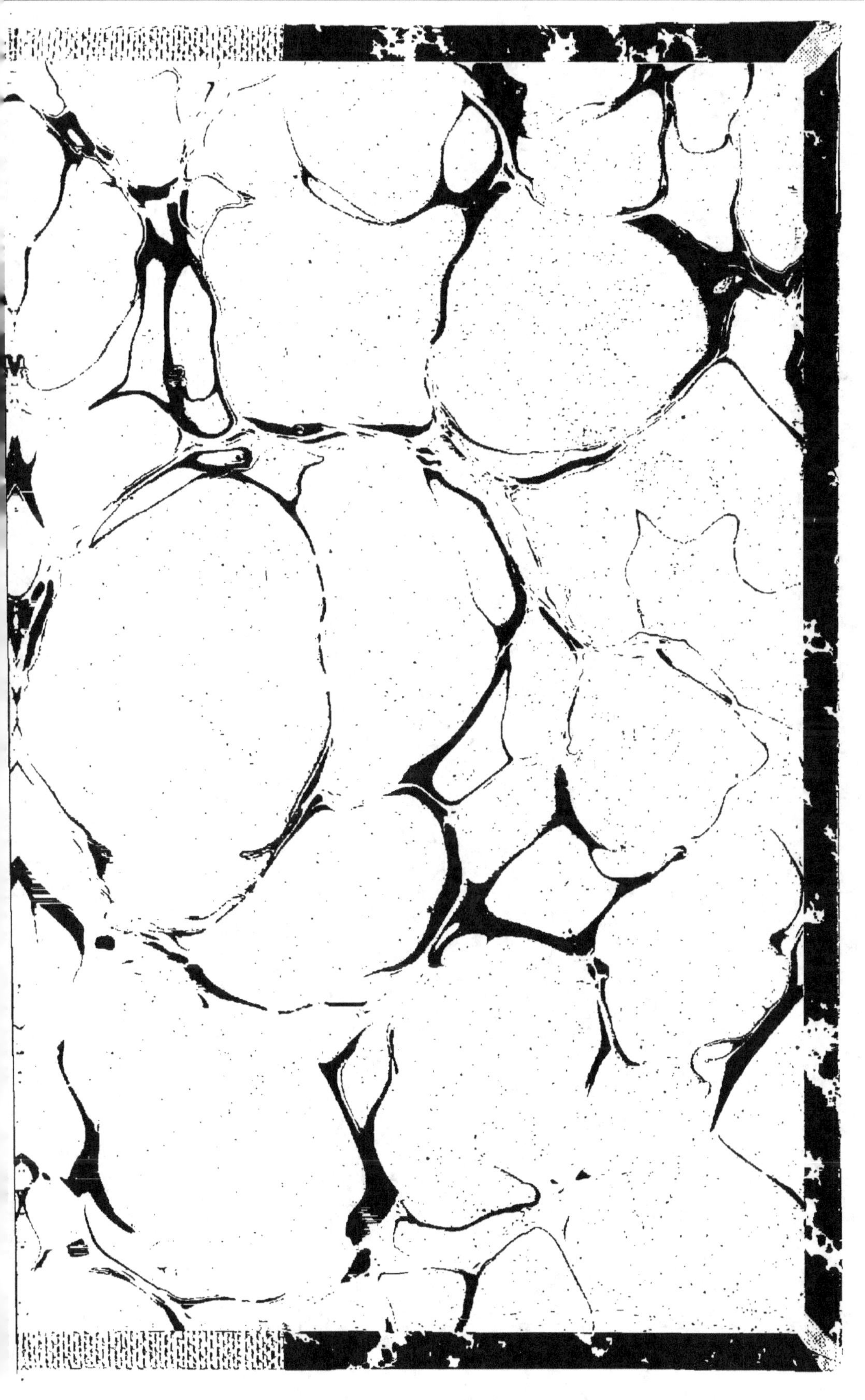